いちばん役立つ
ペットシリーズ

Shi-Ba【シーバ】
編集部・編

はじめての

柴犬
との
暮らし方

日東書院

柴犬について知ろう

柴犬は、力強く素朴で忠実。日本人にとって最も身近な犬です。
人と犬が日本に渡ってきた縄文時代から、共生の歴史は始まりました。
昭和時代には天然記念物に指定され、広く愛される犬種になりました。

柴犬ってどんな犬？

天然記念物に指定された日本原産の犬

柴犬は天然記念物に指定されている日本原産の犬です。力強く素朴で忠実。質実剛健という言葉がよく似合います。日本人の気質に最も近い犬でしょう。

日本人と犬の共生は、ユーラシア大陸から縄文人が縄文犬を連れて日本に渡った頃から始まりました。

当時の狩猟採集の社会で猟犬や番犬として活躍。その後、渡来人が来て水稲農耕が中心の弥生時代が始まります。共に来た犬と縄文犬が混ざって弥生犬になり、日本犬の原型になりました。渡来人が連れてきた犬はそれほど多くはなく、縄文犬の姿形を大きく変えるほどの影響はなかったと考えられています。柴犬に至るまでの歴史は明らかになっていませんが、縄文犬の末裔といえるでしょう。

柴犬の歴史は大正時代頃から明らかになります。昭和時代初期には、柴犬をはじめ、秋田犬、紀州犬、四国犬、甲斐犬、北海道犬、越の犬（後に絶滅）が天然記念物の日本犬に指定されました。柴犬は日本犬唯一の小型犬です。犬種名の「しば」は、「小さいもの」を指す古語が由来ともいわれています。古来、日本人が小さい犬を「しばいぬ」と呼び、自然に定着していったとも考えられます。

柴犬の人気は高く、国内の日本犬飼育頭数の8割を占めています。共に暮らしやすく、住環境に合った大きさだからでしょう。

生後間もない子犬からも力強さを感じます

野生動物のように成長して自立する

近年の研究により、柴犬はオオカミに近い犬種であることがわかった。野生動物のように成長するにしたがって精神的に自立していく。他者に素っ気ないところもあるが、家族への思いは強い。忠犬と呼ばれるゆえんである。

かつて全国にいた小型犬の総称が柴犬でした

柴犬は全国から集められた

大正時代の日本犬保存活動の際に全国から集められた小型犬が、現代まで続く柴犬の基礎になった。そのため、他の日本犬とは異なり、犬種名に原産地がついていない。

歴史

2頭の柴犬から現代に続く血統が生まれました

近代から現代まで続く柴犬の歴史を振り返ってみましょう。明治時代の頃、明治維新によって貿易が活発になり、欧米の犬種の輸入が増えました。そのため純粋な日本犬が少なくなり、日本犬を守る保存活動が開始されます。昭和3年には日本犬保存会が設立され、血統を管理するために犬籍登録を行いました。素質が優れていた島根県出身の石号（オス）と四国地方出身のコロ号（メス）の血統から、中興の祖と呼ばれる中号（オス）が生まれ、現代まで続く柴犬の基礎になりました。現在、犬籍登録を行っている団体は日本犬保存会の他、ジャパンケネルクラブなどがあります。

● 柴犬の名前を持つ犬たち

山陰柴犬

美濃柴犬

柴犬保存会系柴犬

かつて日本の小型犬の総称であった柴犬の名前を持つ犬たち。

日本犬の歴史

日本に人と犬が渡ってきた頃から、現在に至るまでの歴史を振り返ってみましょう。

縄文時代以前

1万5000年前、ユーラシア大陸でオオカミ（犬の祖先）が家畜化されて犬になった。その後、世界各地へ人に連れられて移動していった。

▼

縄文時代

約1万2000年前にユーラシア大陸から縄文人と縄文犬が渡ってきた。柴犬よりやや小さい個体が多い。番犬や猟犬として大切にされた。

▼

弥生時代

約2300年前に朝鮮半島経由で渡来人と犬が共に移動してきた。基本的な形態は縄文犬と変わらないが、体格が大きい犬もいた。

▼

奈良～平安時代

奈良時代に唐などから犬が持ち込まれていた記録がある。平安時代には貴族の愛玩犬が登場。市井では番犬としての役割に加えて、残飯の掃除役の野良犬もいた。

▼

中世時代

鎌倉時代以降の遺跡から縄文犬の特徴を備えた大きい犬が発見された。安土桃山時代にはオオカミに近い顔よりも丸顔の犬が増えた。

▼

江戸時代

徳川家光がオランダに大型犬を注文するなど欧米の犬が人気に。ダックスフンドのような短足の犬や小型の犬が初登場。犬の品種改良を行った痕跡が見られる。

▼

近代

洋犬種の輸入によって日本の犬の雑種化が進んだ。大正時代から柴犬をはじめとした日本犬の血統を守るために保存活動が開始された。

容姿と性質

気概があり、
素直で優しく
飾り気のない
素朴な姿が魅力

耳

頭部に合った大きさで適度な厚みがあり、やや前に傾いている耳が理想。耳の内側のラインは直線、外側のラインはやや丸みがある。耳は頭部の両端から外には出ないことが望ましい。バランスが大切である。

目

目はやや奥にくぼんでいる。奥目の状態。まぶたは目頭から目尻に向かって「へ」の字に近い、不等辺三角形をしている。目尻はやや上がり、目に力強さを加えている。虹彩は濃い茶褐色が理想とされている。

口

両側の頬から丸みを帯びたほどよい太さと厚みを持った形。口吻は太すぎず、口唇はゆるみがなく一直線に引き締まっている。成犬の歯は42本で噛み合わせは正常であること。健全な印象を感じる口元をしている。

毛

かたくて鮮明な色の上毛（オーバーコート）と、やわらかく淡い色の下毛（アンダーコート）が生えている。剛毛と綿毛の二重被毛（ダブルコート）。春と秋に換毛期があり、下毛が抜け落ち、生え変わり、体温を調節する。

足

前足は肩甲骨が適度に傾斜して、肘を胴に引きつけて胸の幅と同じ幅で地につく。後ろ足は大腿部がよく発達して、かかとは粘り強く踏ん張る。腰幅と同じ幅で地につく。指はどちらも握っている方がよい。

胸

丈夫な骨格と筋肉に支えられ、胸は前に張り出すようによく発達している。肋骨は適度に張り、上から見て楕円形をしている。胸の下の位置は、体高（足元から肩までの長さ）の半分程度がよい。

背

背のラインは肩甲骨のあたりから尾のつけ根まで直線になっている。骨格が理想的な犬は、歩いた時に背や腰が上下左右に揺れず、まっすぐ進む。力強く適度な太さの巻き尾、もしくは差し尾が背に差している。

悍威《かんい》・良性・素朴

日本犬の性質は、「悍威」「良性」「素朴」という3つの言葉で表現される。悍威は気魄のこと。大事の時には気概を示す強さが必須。良性は性質のよさ。素直で優しく、かつ自立した精神を持つことを指す。素朴は自然な姿。飾り気のない質素なたたずまいである。

毛色と毛質

柴犬の4つの毛色は互いに欠かせません

毛色は頭数が多い順に、赤毛、黒毛、白毛、胡麻毛という合計4色です。赤柴、黒柴、白柴、胡麻柴とも呼ばれます。大正時代に日本犬の保存活動が始まった頃、赤い毛色の猟犬を中心に血統を保護したので、柴犬には赤毛が多く、8割を占めます。赤は山で最も目立たない毛色で、猟師は赤い猟犬を好んで用いたため、日本犬が少なくなった頃も比較的多かった毛色だからです。

赤、黒、胡麻は裏白（うらじろ）と呼ばれる白い部分があります。あごから胸を通って後ろ足へ続く部分です。毛色を損ねない程度に白く抜けている状態が理想です。

子犬の頃は毛色がとても濃く、特に顔には黒い部分も多く見られます。成長するにつれ濃さが抜け、本来の毛色に変わっていきます。ただし、白は子犬の頃から白く、成長と共にやや赤毛の部分が出てきます。

毛質は剛毛と綿毛の二重被毛です。かたくて鮮明な色の上毛が剛毛、やわらかく淡い色の下毛が綿毛です。剛毛は年間を通して生えている毛で、やぶのとげや紫外線などから皮膚を守り、水や雪をはじいて体温を保つ役割があります。下毛は春と秋頃の「換毛期」と呼ばれる時期に抜け落ち、時には生え変わり、衣替えをします。

剛毛の先端は鮮明な色をしていますが、根元に近づくにつれて下毛に近い淡い色になります。グラデーションのような色合いが、柴犬の毛色に深みをもたらします。

▶子犬の黒マスク

▶成長と共に黒さがとれます

赤や胡麻は子犬の頃に黒いマスクをつけたような顔をしている。成犬になる過程で白く抜けていくことが多い。口元に黒い毛が残ることもある。若い犬の場合、換毛期に額に眉毛のような黒い毛が再び生えることもあるが、やがて抜ける。

柴犬の毛色の種類

4つの毛色の特徴と魅力を紹介しましょう。
いずれも奥行きや濃淡があり、品位を感じる外貌です。

【黒】

奥行きがある鉄錆色が理想

黒毛は真っ黒ではなく、鉄錆色という褐色をやや含んだ奥行きがある色合い。黒光りするようなものは平面的に見え、素朴や野性味という観点から見て望ましくないと評価されることもある。目の上の黄褐色の部分が特徴で、形がはっきりしている方が好まれる。「四つ目」ともいわれる。この黄褐色の部分は「タン」と呼ばれ、目の上、頬、口吻、四肢などに必ずある。赤柴に次いで人気の毛色である。

【赤】

冴えた色が品位を格上げする

赤毛は明るく冴えた色が望ましい。にごりのない赤とも表現される色である。裏白とのコントラストが美しく見え、品位を感じさせる外貌になる。赤毛が枯れた芝と同じ色だったため、芝犬と呼ばれるようになり、やがて柴犬になった、という説もある。黒い差し毛が出ることもあるが、毛の先端から根元にかけて濃淡が見られないものが多く、好まれないこともある。柴犬の中で8割強を占める人気の毛色。

【胡麻】

3色が混ざった繊細なバランス

胡麻毛は赤、白、黒の毛がほどよく混ざり合った毛色を指す。柴犬の全ての毛色が含まれ、繊細なバランスの上に成り立っている。生み出すことが難しい毛色で、柴犬の中ではわずか2.5%程度。毛質は他の毛色に比べてやや長め。しっかりした剛毛で、良質であることが多い。赤毛の多い胡麻毛は赤胡麻、黒毛が多い胡麻毛は黒胡麻とも呼ばれる。白毛が多い銀胡麻もいたが、現在では見かけることは少ない。

【白】

濃淡が混じった味わい深い色

白毛は純白のような色合いは少なく、耳や背中にうっすらと淡い赤毛が入っていることが多い。微妙な濃淡が奥行きを生んでいる味わい深い毛色。子犬の頃は純白に近いこともあるが、徐々に変化していく。白柴の中にはメラニン色素の欠乏による退色傾向が見られる犬もいるため、粘膜色素（鼻、口の中、目の縁、肛門などの色）が濃い方が望ましい。日本人は白毛を好むため、近年は頭数が増加している。

シッポ

巻き尾もしくは差し尾で力強さを感じます

日本犬保存会の犬種標準では、柴犬の尾は「巻き尾」もしくは「差し尾」が望ましいとされています。巻き尾は背中でくるりと巻いた尾、差し尾はぐっと伸びた尾をさします。柴犬は巻き尾が多く見られます。

巻き尾は太く力強く、伸ばせば後ろ足のかかと付近の長さが理想です。犬は走る時に、尾を舵のように動かしてバランスをとっています。巻き尾も巻いた状態からほどけて舵の役割を果たし、軽やかに方向転換。バランスをとりながら疾走します。

よく動く尾は表現力がある

柴犬の巻き尾は太さ、長さ、力強さが必須。通常は巻いているが、走る時にはほどけて舵の役割をする。よく動く尾は表現力も豊かで、背中の飾りのように全く動かない尾より好まれる。

たくましい尾は健康の証

犬の尾の太さは尾てい骨の太さと筋力の発達の程度で決まる。たくましい尾は健康に発育している証拠でもある。生後間もない頃、すでに将来のたくましい巻き尾を想像できる子犬もいる。

イラストで見る柴犬の尾の種類

大きく分けて巻き尾と差し尾の２種類です。
尾の形状によってさらに細かく８種類に分類されます。

● 茶筅《ちゃせん》尾《び》

極端に短い尾。後ろ足のかかとまでの長さがない。現在ではほとんど見られない形状。

● 巻き尾（太鼓尾）

腰の真上で強く巻き込んだ太鼓のような尾。二重のものと同じく表現力にやや難がある。

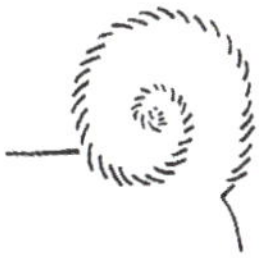

● 巻き尾（二重）

巻き方が強すぎて渦巻き状になった尾。二重になっているので動きや表現力にやや難がある。

● 巻き尾（標準）

自然な形で最も理想的な巻き方。力強い印象の尾。よく動くため表現力も豊かである。

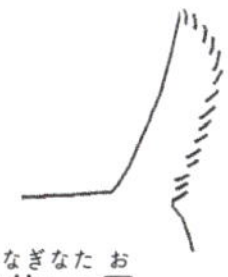

● 薙刀《なぎなた》尾《お》

太刀尾がやや後方に傾いて薙刀のようになっている。珍しい形状の希少な尾である。

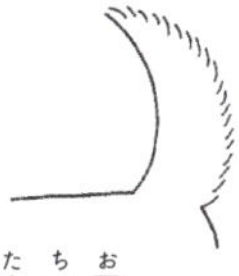

● 太《た》刀《ち》尾《お》

日本刀のように見え、力強さがある尾。勇ましい印象があり、差し尾の中でも好まれる。

● 並差し尾

力強く前方に向かって差している尾。差し尾の中で最も多く見られる代表的な形状である。

● 半差し尾

差し尾と巻き尾の中間で、「叩き尾」とも呼ばれる。巻き尾の一種といわれることもある。

オスとメスの違い

体　性別によって体格バランスが異なります

柴犬のオスとメスの特徴は性徴感と呼ばれ、とても大切な基準です。日本犬保存会の犬種標準では、体高（足元から肩まで）、体高と体長（胸から尻まで）の比率が定められています（日本犬保存会のウェブサイトでより詳しく紹介されています）。

オスは体高が39・5cm（38cmから41cm）、体重は９kgから11kgくらいです。体高対体長の比率は１００対１１０が望ましいと定められています。やや胴が長いバランスが理想です。メスは体高が36・5cm（35cmから38cm）体重は７kgから９kgくらいです。体高対体長の比率は１００対１１０が基本ですが、メスは子宮があるのでオスより胴が長めです。体長は１１０より少しだけ長くてもよいとされています。

心　柴犬の本質に加えて性徴感が大切です

「悍威」「良性」「素朴」の３つは、柴犬に必要な本質です。オスもメスも備えているものですが、柴犬は性徴感という性別の特性が大切な犬種。容姿に加えて性質にもオスらしさとメスらしさが求められます。

オスは剛毅な気質が必要です。柴犬はオオカミに近い犬種なので、闘争本能や優位性の主張は強い傾向があります。特にオスによく見られますが、むやみに吠えずに悠然と構え、いざという時に気概を示す頼もしさが理想といえます。

メスには思いやりや優しさが大切です。空気を読むといわれる行動は、メスの方が多く見られる傾向があります。野生動物はメスが伴侶を選ぶこともあり、祖先から芯の強さは受け継いでいます。

顔つきを比較してみましょう

柴犬は性別の違いがはっきりしています。
顔立ちからオスらしさとメスらしさを比較してみましょう。

メス 優しい雰囲気と芯の強さを表す

メスの顔には品位があり、その中に力が必要とされている。優しくやわらかな印象と芯の強さを両立させることが理想。オスよりやや小振りな頭部と口吻が上品に見せる。曲線と直線のバランスがとれた目つきもメスらしさを表現している。

オス 精気にあふれた強さと品位がある

オスの顔には力があり、その中に品位が必要とされている。前傾した耳や目尻が上がった目がよいとされている理由は、力強さを表現するため。精気にあふれた凛々しい目の奥底には優しい光が宿る。重厚な頭部と太い口吻もオスらしさの現れだ。

▶赤

▶黒

はじめての柴犬との暮らし方・目次

柴犬について知ろう

1 柴犬の一生

2 迎える前の準備

3 迎えるその日からすること

4 暮らしを快適にするコツ

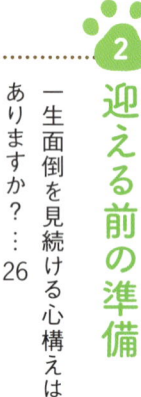

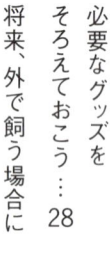

5 暮らしの中のありがち困った

6 知っておきたいお手入れのこと

7 気になる病気や健康のこと

※本書は辰巳出版「Shi-Ba【シーバ】」で撮影した写真を中心に使用して、掲載記事に加筆、修正したものです。

はじめに

創刊以来、柴犬をはじめとする日本犬と暮らす家庭を徹底取材してきた雑誌「Shi-Ba【シーバ】」（辰巳出版刊）が、はじめて飼育書を作りました。

昔から多くの日本人に愛されてきた柴犬。かつては外で飼われることがほとんどでしたが、最近は室内で飼う人が増えました。犬と同じ生活空間で、一緒に過ごす時間が長くなったことは、飼い主さんに大きな癒しや喜びを与えてくれるもの。しかし、抜け毛や吠え、イタズラなど室内飼いならではの問題も起こる可能性があります。この本では室内飼育へのアドバイスと共に、屋外飼育のコツや注意点なども詳しく紹介しています。縁あってこれから一緒に暮らし始める、目の前の小さな子犬。その子の一生涯を幸せなものにするために、本書がお役に立てば幸いです。

1

柴犬の一生

健康に暮らせば、十数年生きる柴犬の一生や、
様々な変化などを、年表で紹介します。

柴犬と人間の年齢換算表

1年に1歳ずつ年齢を重ねる人間に比べ、犬は4〜7倍の早さで年を重ねていく。当然老化のスピードは人間よりも早いが、その速度はそれぞれの個体差や環境などによっても違いがあります。

犬	1ケ月	2ケ月	3ケ月	6ケ月	9ケ月	1年	1年半	2年	3年	4年	5年	6年	7年	8年	9年	10年	11年	12年	13年	14年	15年	16年	17年	18年	19年	20年
人間	1歳	3歳	5歳	9歳	13歳	17歳	20歳	23歳	28歳	32歳	36歳	40歳	44歳	48歳	52歳	56歳	60歳	64歳	68歳	72歳	76歳	80歳	84歳	88歳	92歳	96歳

年表で見る柴犬の成長過程

誕生〜1歳

生まれてから1年の間に、柴犬は人間の年齢で例えると17歳ほどに成長します。心身ともに育ち盛り。人間との暮らしのルールをきちんと教えてあげましょう。

誕生　10日頃　1ヶ月　2ヶ月

体のこと

- 生まれてから離乳するまでの新生子犬期は、犬の一生の中で最も危険な時期。子犬の死亡の約6割がこの時期に集中。
- 体重はほぼ2倍に増加。およそ14日前後くらいで目が開く。最初は黒目が青みがかっていて見え方もぼんやりしている状態。

- 乳歯が生え始める。
- 足がしっかりしてきて活発に走ったり、周囲を探索するようになる。
- 乳歯が生えそろう。
- 母乳で育った子犬は免疫効果がなくなる頃。
- 生後2ヶ月から、1回目のワクチンを接種（P152参照）。

心のこと

- 犬の妊娠期間は約60日。母犬の性格や生活環境は子犬に大きく影響。
- 強い子犬は母乳が出やすいオッパイをキープするなど、力関係も見られるように。
- 五感が少しずつ発達してくる。動作も機敏になり母犬やきょうだい犬と遊び始める。

- 人の年齢に換算すると、1歳弱くらい。
- トイレやハウスのしつけをはじめ、体のどの部分を触られても大丈夫なように毎日練習しよう。

暮らしのこと

- 母犬が子犬の世話をしない場合は、人間が犬用のミルクをスポイトで与えたり、肛門や尿道口を優しく刺激して排泄を促したり、拭き取ったりして世話をする。
- 活発に動き始めるので、生活スペースに危険な所や物がないか注意。
- 離乳食は1日3〜5回に分けて与える。ドライフードをふやかす場合も、様子を見ながら徐々に硬めにしていく。

- 新しい家族の元へ旅立つ場合は、環境が大きく変化するので体調などに十分注意する。

3ヶ月

● 乳歯が抜け始める。

● 2回目のワクチンの1週間～10日後に3回目を接種。これで子犬時に接種する混合ワクチンは終了。

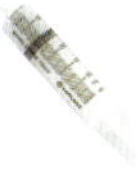

● 狂犬病のワクチンは、生後90日以上の犬に接種義務があるので、忘れずに受けること。これ以降は毎年春に年1回、接種していく。

● 甘噛みが激しくなる頃。子犬同士がじゃれて噛みあう、遊びの延長で噛む、歯が抜け替わるためにムズムズする、人の手や洋服がひらひらして面白そう、といった理由で噛むことが多い。噛んで良いオモチャなどを与えて、噛む欲求を満たしながら「人の体を噛んでも楽しいことはない」ことをこの時期に教えよう。

● 子犬用のドライフードなど、硬い物が食べられるようになる。

● 3回のワクチン接種が終わったら、散歩デビュー。その前に室内で首輪やリードを使って練習をしておこう。

4ヶ月

3ヶ月過ぎ頃から、子犬時代の毛が抜け始めて大人の毛に生え変わっていく。「M字」のような模様が額にできる犬もいる。犬によっては毎年、換毛期のたびに「M字」模様が出ることも。

● オス、メスの心身の差が現れてくる頃。

● 散歩デビューも果たし、目に入ること全てが新鮮に映る時期。散歩中の拾い食いや室内での誤飲事故に十分な注意を払おう。

6ヶ月

● 避妊・去勢手術を考えている場合は家族で検討を。

● メスは初めての発情期を間もなく迎える。

※発情期の様子＝発情期は年に1～2回訪れる。発情前期は1週間～10日間ほど陰部がふくらみ出血する。オスを受け入れる「発情期」は、その後の1週間～10日間ほどでこの期間は出血が止まる。その後の2～3週間は発情後期と呼ばれ、陰部の腫れが引きオスを拒むようになる。

● 性格がほぼ定まり、自我が芽生えてくる頃。オスは知らない人や犬に対して警戒心や優位性の主張が強くなったり、マーキングが多くなる。

● 食べる量が安定してくる頃。食事の回数をそろそろ1日2回くらいに。よく食べるからとフードを与えすぎるのは肥満の原因になるので、きちんと量を計って与えるようにしよう。

10ヶ月

● この頃、まだ乳歯が抜けずに残っていたら獣医師に相談しよう。永久歯が生えず歯並びが悪くなり、あごの発達にも支障をきたす可能性も。

● オスはそろそろ性的に成熟し、交配意欲も強くなる。

● 近所に発情期のメスがいると、未去勢のオスの場合、交配意欲が高まり、家から脱走したり、食欲が落ちて体重が減ることもあるので注意しよう。

3歳　2歳　1歳

1歳～10歳

成犬、壮犬期と言われるこの時期は、体力が最も充実する頃。十分な運動と日々の健康管理をしっかり行って、健康なシニアライフに備えましょう。

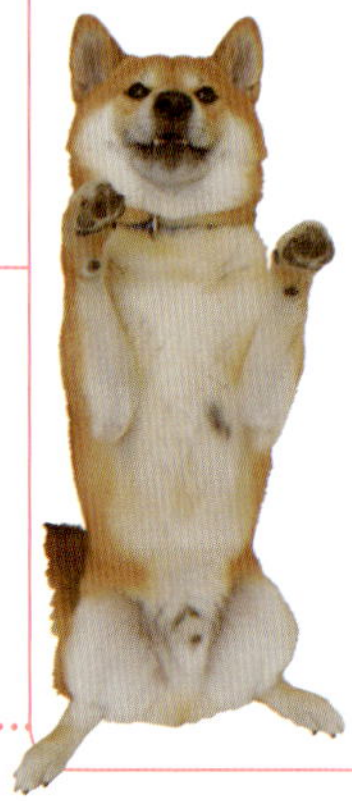

体のこと

- 子犬の頃に黒い毛の部分が多かった赤柴も、この頃になるとだいぶ黒色が抜けてくる。
- 体格もほぼ完成。犬によっては子犬の頃に比べると、体の模様や毛色などが変化している場合もある。
- 親犬から受け継いだ体質などの特徴が現れ始める。病気の兆候（P128）や症状がみられたら、すぐに受診しよう。

- 去勢や避妊手術をした犬はホルモンのバランスが崩れて、今までと同じ食事をあげていても太ってしまうことがある。獣医師と相談しながら、フードの見直しも検討しよう。

心のこと

- 来客に吠える、他犬に厳しくなる、優位性の意識が芽生える、ということも出てくるもの。犬同士のトラブルに気をつけるようにしよう。

- 散歩の時などに自分で納得しないと動かない、お手入れの時にいつもより長いと嫌がる、など柴犬特有の気質も出てくる頃。親犬から受け継いだ性格などが手伝い、犬それぞれの性格がよりはっきりと現れてくる。

- だいぶ落ち着いてイタズラなどが減ってくる。飼い主との信頼関係もより深まるが頑固な面も出始めるので、叱らずにオヤツやオモチャなどのごほうびを上手に使いながら、問題が悪化しないうちに

暮らしのこと

- 成犬用のフードに少しずつ切り替えていく。
- 散歩の途中に首輪が抜けて脱走することが多い柴犬。鑑札や迷子札、マイクロチップなどの装着を心がけよう。

- 2歳～6歳頃は、気力、体力共にやる気満々。特に活発な犬の場合は、ドッグランで走らせたり、犬にストレスのかからない範囲でレジャーに出かけるなどして、思い出をたくさん作ろう。

- 愛犬とのスキンシップは、体の異常（しこりや腫瘍、皮膚のガサつきなど）を発見する絶好の機会。散歩後のお手入れ時などに毎日行おう。

6歳　5歳

● 骨格、筋肉、佇まい、毛色などが落ち着き、日本犬としての渋みや味わいが出てくる。

● 黒かったひげの中に数本、白いひげが混ざり始めたり、被毛にもいくつか白髪を発見することも。徐々に中年期の変化が出始める。

● 今まで飛び降りたり、飛び乗ったりしていた所でとまどうような様子が見られたら、体力が徐々に落ちてきている可能性が。

対処していこう。

(例) お気に入りのソファや人間のベッドに犬が寝ている際にどかそうとすると、うなるなど「守る」行動が目立つようになったら、早めの対処(P100を参照)が必要だ。

● 今までできたことができなくなって、犬によっては自信を失い少し元気がなくなることも。得意なコマンドや遊びを取り入れて、自信を回復させてあげよう。

● そろそろシニア期に向けた住環境の見直しをしよう。また、年を重ねると予想外に心臓病や呼吸器疾患が進行していて「やせたかな?」と飼い主が感じた時には、かなり体重が減り体にダメージを受けていることも。体重の増減に気をつけよう。

床で滑ってケガをしないように、カーペットを敷く。/犬の行動範囲はできるだけ段差をなくす。/居住スペースはできるだけ2Fよりも1Fで、など。

10歳 ～ 7歳

● 年に数回、動物病院で健診をして、こまめな健康管理に務めよう。

● 多食、食欲がない、多飲、多尿、やせてくる、少しの運動ですぐに疲れる、だるそうにしている、など、今までと違うな、と感じたら早めに動物病院へ。

● 歯周病が進行すると口臭がきつくなったり、歯茎からの出血が見られることも。歯周病は悪化すると、肝臓病やリウマチ疾患、心臓病にも影響するので、口の中のチェックとケアも欠かさないようにしよう。

● シニアになっても生殖本能は衰えず、特にオスの場合、異性に対する反応は基本的に変わらない。

● 今まではそっけなかった犬が、昼寝の時に人のそばに寄って来て眠るようになるなど、犬によっては飼い主に甘えるようになることも。愛犬の気持ちにさりげなく寄り添ってあげよう。

● 運動量や代謝量が減ってくる頃。フードの栄養価も今までの8割くらいを目安に、獣医師と相談しながらシニア用のフードに徐々に移行することも検討しよう。

● 真夏や真冬は愛犬の居住スペースが快適かどうか見直そう。外飼いの場合は、寒くなる夜は室内に入れるなど、犬にストレスがかからない形で対処しよう。

11歳〜

老化を止めることはできませんが、病気の悪化を防いだり、快適な環境を提供することはできます。獣医師と相談しながら老後をサポートしていきましょう。

体のこと

● 顔の部分をはじめ、体全体がだいぶ白くなり、さらに落ち着いた風格に。

● 10歳以上、10kg以上の犬によく見られるのが、変性性脊椎症や変形性関節炎。肥満や無理な運動に注意。

● 歩くのが遅くなる、よろけることも。

● 歯が抜けたり、あごの力が弱くなって固い食べ物が食べられなくなることも。

● 柴犬は認知症になる犬が多い。発症する年齢は犬によって様々だが、次のような症状が見られたら、獣医師に相談してみよう。

徘徊するようになった／昼、夜構わず鳴いたり、いろいろな所で排泄をするようになった／狭い所に入りたがり出られない／やせてきた、など。

● 寝たきりになっても元気な犬は多い！

心のこと

● 視力が落ちても、嗅覚は衰えにくい。体に負担のかからない、確実にできるコマンドを出して、犬の自信を回復させてあげよう。

● 体の痛い部分を触られた、視力が弱って急に目の前に現れた物に反射的に反応するなどの理由で、犬が噛んだりうなったりしてくることも。

● 引っ越し、部屋の模様替え、見知らぬ場所へ連れて行く、などの環境の大きな変化はストレスになるので注意。

● 人の気配がしないと寂しがって鳴いたりすることも。できるだけそばにいて、声をかけてあげよう。散歩が好きな犬は、抱っこをしながら外の空気を吸わせてあげるなど、気分転換も必要だ。

暮らしのこと

● 軽めの散歩に連れて行ったり、庭で遊ぶ時間を作ろう。

● 硬いドッグフードが食べにくそうな場合は、獣医師と相談しながら、柔らかいフードに変えたり、食器を台の上に置いて、負担がかからないようにする。

● 飼い主を追ってドアから外に出て迷子になったり、思わぬ場所に入り込んだり。戸締まりや住環境の再確認を。

● 徘徊や排泄の失敗も増えるので、クッション性の高いサークルを使用したり、寝たきりの場合は床ずれをしないように工夫し、家族で協力してお世話をしよう。

2

迎える前の準備

柴犬を飼うにあたって確認しておいてほしいことや、
事前に買いそろえたいものについて。

かわいい！　飼いたい！　でもその前に……

一生面倒を見続ける心構えはありますか？

買うのは一瞬、でも飼うのは一生。本当にその犬を一生涯幸せにすることはできますか？

約15年後までの家族構成や環境の変化も考慮しましょう

無邪気に遊んだり、あどけなく眠ったり。柴犬の子犬はまるでぬいぐるみのようにかわいいものです。昔から日本で飼われていたので親近感もありますし、毎月のようにトリミングが欠かせないプードルなどに比べれば短毛なのでお手入れが簡単そうに見えます。また、引っ張る力の強い大型犬よりはコンパクトで扱いやすそうに感じるかもしれません。しかし、毛に関して言えば柴犬はダブルコート（P108参照）なので換毛期の抜け毛が非常に多く、この時期のブラッシングは特に手間がかかりますし、家中や人の服にも抜け毛がたくさん付着するのが悩みの種でもあります。また、体は小柄ですが性格や気質には「自分で納得しないと動かない」「ベタベタと体を触られるのが苦手」「優位性の主張が強く他者への警戒心が強い」という傾向もあります。

ただ、毎日2回ほどしっかりと散歩に行き、十分に体力を発散させ、食事やお手入れ、しつけなどを行えば、とても懐いてくれ、素晴らしいパートナーになります。

犬は言葉を話すことができませんし、飼い主を選ぶこともできません。かわいい子犬の時期はわずか。そして、共に暮らせばあっという間に時は過ぎ、たった10数年で老年期を迎えます。また、途中で遺伝性の

柴犬にとって散歩は欠かせないもの。1日2回、1回30分以上、犬によっては雨の日なども散歩に行く必要がある。

● 年間にかかる主な費用

狂犬病予防接種 … 3000～5000円
混合ワクチン接種 … 約8000円×2回
フィラリア予防の薬代 … 約1300～1400円
（体重によって価格は異なる）×7ヶ月分（春～秋）
※薬を処方してもらう際には血液検査（約2000円前後）も併せて行う。
ノミ、ダニの駆虫薬代 …約1600円×12ヶ月分
その他、診察費、グッズやフード購入費

● 飼い始めにかかる主な費用

畜犬登録料 … 約3000円
狂犬病予防接種 … 3000～5000円
混合ワクチン接種 … 約8000円×2～3回
その他、診察費、グッズやフード購入費
それぞれの費用は地域によって手数料が異なったり、動物病院によっても価格が異なる。ここでは東京都市部の参考価格を記載。

疾患が出たり、その他、病気や事故、ケガなどで治療費が必要になることもあるでしょう。犬と暮らすには、食、お手入れ、医療、場合によってはしつけに関するお金をはじめ、飼い主の手間、時間もかかることを覚えておきましょう。

犬が年をとれば、人もそれだけ年をとります。最近では飼い主の高齢化や、動物アレルギーの問題、また、夫婦の離婚や家庭の経済的理由などから、途中で犬を手放すケースも少なくありません。厳しいことを言うようですが、左に挙げたチェック項目をはじめ、およそ15年後までの家族構成や環境、自分や親の健康問題、収入面など、様々なことも考慮して「本当に最期まできちんとお世話をできるのか」新しく犬を迎える前に真剣に考えることが大切です。

また、迎える前にどのような所から譲り受けるのかもしっかりと調べ、衝動買いをしないことも大切です。

飼い始める前にもう一度確認を！

- □ 犬の飼育がOKの家に住んでいるか
- □ 家族の同意が得られているか
- □ 家族に犬が苦手だったり、アレルギーの人はいないか
- □ 当分、引っ越しなどの環境の変化はないか
- □ 犬にかかる治療費などが、いつどんな時でも用意できるか
- □ 毎日数回、合計で1時間は犬を散歩に連れて行けるか
- □ ゴハンやお手入れ、しつけなど世話をする時間は十分にあるか
- □ 犬に留守番を長時間させることはないか
- □ 外で飼う場合、隣近所は犬嫌いではないか
- □ 最期まできちんと面倒を見る覚悟はあるか

時間、手間、経済面など、犬を迎えてからも十分なお世話ができるかどうか、今一度検討を。途中で飼育放棄することなどのないように、一生涯責任を持つことが飼い主の務めだ。

必要なグッズをそろえておこう

新しくやってくる犬のための居住スペースや
毎日の生活、お手入れ、
しつけに必要な物を
あらかじめそろえておきましょう。

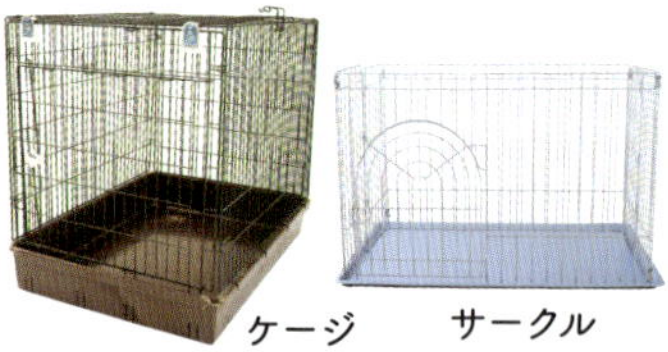

ケージ／サークル

ハウスとして、またトイレトレーニングや災害時の同行避難の際にも役立ちますので、そろえておくとよいでしょう。

水の器

水がこぼれにくい安定感のあるものや、ノズル式のものなどがあります。生活環境に応じて選びましょう。

フードとフードボウル

子犬を迎えた所であらかじめあげているフードの種類を聞いておき、同じ物をそろえます。食器は安定感のあるものを。

クレート

車に乗せる時、動物病院へ行く時、犬連れ旅行の際など様々なシーンで活躍。もちろんハウスとしても使えます。

トイレトレー／トイレシーツ

トイレトレーとトイレシーツは必需品です。シーツはレギュラーサイズやワイドサイズなどがあります。また、シーツを噛んで破ってしまう犬には、すのこが付いているものなど、トイレトレーの大きさや種類にも様々なタイプがあります。

オモチャ

噛んだり引っ張ったりできるロープ状の物、オヤツを中に詰めて留守番の時にかじったりできるコング（中央）などがオススメ。綿が入っている物は留守番中に壊して中味を食べてしまうこともありますので注意しましょう。

毛布やタオル

クレートやサークルの中に敷きましょう。ベッド代わりになりますし、自分のにおいがつくと安心して寝られます。

迷子札

万が一、犬が脱走などをしていなくなった場合に役に立ちます。雨で濡れても文字が消えない物を選びましょう。

リード

飼い始めは軽くて手にフィットする扱いやすい物がオススメです。散歩デビュー前に室内で装着して練習を。

首輪

散歩はワクチンが済んでからになります。大きさの調整ができる物を選び、最初は室内で首輪の装着を練習します。

あると便利

タイルマット

フローリングなどの上に敷くと滑り止めになります。汚れた場合はその部分だけ取り替えられるので便利。

イタズラ防止用の柵

入ってほしくない所は柵などでガード。階段からの転倒や台所での誤飲事故を防ぐためにも役立ちます。

お手入れグッズ

ブラシ

毎日のお手入れに欠かせないブラシも種類はいろいろ（P110 参照）です。ニーズに合わせて選びましょう。

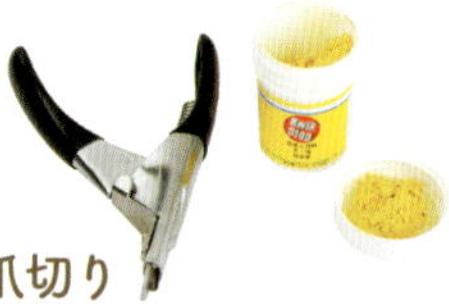

爪切り

爪切りを嫌がる柴犬は多いもの。子犬の頃から爪切りに慣れるように練習しておきましょう。

ウェットティッシュ

散歩から帰った時のお手入れなどに。顔、足、体全体、肛門など、いろいろな場所を拭くのに便利です。

歯ブラシ

指にはめる物やガーゼタイプの物などいろいろな種類があります。子供用の歯ブラシでも OK です。

外で飼うために必要な物

屋外で飼育する場合、雨や風、直射日光が防げる犬の居住環境に合わせたハウスを必ず用意します。係留するのであれば、ある程度自由に動き回れる長さがあって、犬が噛んでも切れない丈夫なリードを使用しましょう。

そういえば、昔はみんな外飼いだった

将来、外で飼う場合に知っておきたいこと

外に出すタイミングや注意事項など、
健やかに暮らしてもらうためにできることは？

段階を経て外への暮らしに移行していきましょう

昔の日本では、柴犬は外で飼うのが一般的でした。しかし、現代の都心部などでは住宅が密集しているため、吠えやにおい、抜け毛の問題などでご近所とトラブルになるケースも見受けられます。将来的に外での飼育を希望する場合は、隣近所に犬が苦手な人がいないか、また飼う前に「近々庭で犬を飼います。ご迷惑をかけないように気をつけますが、気になることがあればおっしゃってください」など、ひとこと断っておくのも、ご近所付き合いを円滑に進める方法です。

　さて、準備が整い子犬を迎え入れた後、どのタイミングで外の暮らしに切り替えるか。犬の月齢などにもよりますが、基本的にはワクチン終了後、生後4ヶ月ほどで、寒すぎず暑すぎない快適な季節に出してあげるといいでしょう。それまで室内で一緒に過ごしていたのに、ある日突然外でひとりぼっちにさせてしまうと、寂しくて鳴いたり体調を崩すことも。最初は家族が見守る中、昼間だけ外に出して夜は玄関に入れるなど、段階を経て外への暮らしに移行していきましょう。

外に出すのは生後4ヶ月過ぎを目安に。心配な場合はかかりつけの獣医師に相談しながら、愛犬の体調や性格に合わせて切り替えていこう。

昼は外、夜は玄関や室内で過ごすケースは多いもの。また、外のハウスは家族の気配が感じられ、道路を通る人と接触しない場所に設置しよう。愛犬の性格に合わせて、無理のない快適な外暮らしを！

未避妊のメスを外で飼う場合は、発情期によそのオス犬がやってきて交配してしまうことがないよう、ハウスを頑丈なサークルで囲うなどの工夫を。

犬が食べると中毒を起こす植物も。囲うなどして庭の球根や肥料などを犬が食べないようにしておこう。

若い柴犬はかなりアクティブ。穴を掘ったり柵を壊して脱走することもありますので注意しよう。

外暮らしを自分で好んで選択する犬もいるんです

室内で飼い主と一緒に暮らすのが好きな犬もいれば、外で1匹で暮らすのが好きなタイプがいるのも柴犬という犬種の大きな特徴です。夜になって飼い主が促しても家の中に入りたがらず、そのまま外暮らしになったり、寒い冬にハウスの中から毛布を引っ張りだして外で寝ている犬もいます。成長と共に様々な個性が現れますので愛犬の嗜好に合わせて、生活環境を整えてあげましょう。外飼い、室内飼い共にしつけやお手入れの方法などは基本的には同じです。1歳を過ぎると柴犬特有の優位性の主張や番犬気質が強くなります。P46では外飼いの生活環境について詳しく紹介していますので、将来の飼い方の参考にしてみてください。

夏 いつでも新鮮な水が飲めるようにして、日陰対策も忘れずに

水はたっぷりと

外飼いでは特に熱中症にご注意を。こぼしてしまっても、他の水が飲めるように、水はいくつか用意しておこう。

日陰対策は万全に

ハウスの場所が日なたにある場合は、よしずを置いて日陰を作るなど、犬が直射日光から逃げられる場所を必ず作ろう。

冬 ハウスの中を温かく保ち、晴天時は日光浴ができるように

毛布などで保温を

冬の夜は特に冷えるもの。ハウスの中には毛布を入れたり、風が強い日などは風よけの板などを置いて寒さ対策をしよう。

日光浴は存分に

係留している場合は、日なたぼっこができるように、場所を移動させたり、リードを長めに設置してあげよう。

子犬を迎える直前の最終確認事項

子犬を迎える前に家族や、
面倒をみる予定の人と一緒にチェックしてみましょう。

□ 必要なグッズは買いそろえた

ハウスやトイレのしつけ、お手入れの練習などは、できれば子犬が来たその日から行いたいもの。買い忘れはないか最終確認を。

□ 子犬を迎えてから1週間は誰かが家にいるようにスケジュールを立てた

環境が大きく変化して体調が崩れたり、トイレのタイミングを把握したりトイレの場所を教えたりするため、最初の1週間は家にいるようにしたいもの。

□ 世話をする人や役割分担が決まっている

散歩デビュー後は朝の散歩は誰が連れて行くのか、夕方の散歩は誰がどのタイミングで連れて行くのか、などお世話する分担や内容を決めておきます。

□ お世話になる動物病院を決めて、連絡先も控えてある

迎え入れた当日は健康チェックのために連れていくので、お世話になる近所の動物病院は必ず探しておき、電話番号や休診日などを把握しておきます。

□ 子犬が体調を崩したら、誰がどんな手段で動物病院に連れて行くか決めてある

車を運転する人が会社に行っていて、車が出せない時に犬の具合が悪くなることもあります。万が一の時の交通手段や連絡先も確認しておきましょう。

□ 子犬が暮らす場所は寒すぎず、暑すぎず快適な場所である

ハウスやサークルを置く場所は、家族の気配を感じながら落ち着いて寝られる所に。春から秋にかけては直射日光が当たらない場所に設置しましょう。

□ 留守番が長くなる時は、子犬の世話を頼める知り合いなどがいる

親戚や知り合いなど飼い主のかわりに子犬のお世話をしてくれる人を探しておきましょう。いない場合はペットシッターやペットホテルに預ける方法も。

□ しつけの方針について家族で話し合っている

しつけのやり方が人によって異なると、犬は混乱してしまいます。主にしつけを担当する人や、しつけ方について事前に打ち合わせを。

□ 冠婚葬祭など家族が留守にしてしまう時の対策を考えてある

やむを得ない事情で家族全員が家をあける時に、犬をどこに預けるのか、または誰かに家に来てお世話をしてもらうのか、予め決めておきましょう。

□ 飼い主の体調が万全である

毎日2回ほどの散歩、お手入れ、ゴハンの用意など、飼い主が健康でないと柴犬のお世話はできません。特に散歩は必須項目。体調を万全に整えましょう。

3

迎えるその日から
すること

待望の柴犬暮らしがいよいよスタート！
当日にやっておきたいことなどを詳しく紹介。

迎えに行く当日の流れ

いよいよ待望の柴犬との
暮らしが始まります。
環境が変わって
不安な気持ちでいる子犬を
安心させてあげられるように
工夫しましょう。

午前中に迎えに行き帰宅前に動物病院へ

当日は午前中に迎えに行き、帰宅前に動物病院へ連れて行き、全身の健康診断をしてから家に連れ帰りましょう。環境が急に変わったことで子犬の体調が崩れることもありますので、午後はゆっくり休ませます。

迎えに行ったのが夕方であれば、翌朝早めに動物病院で健康診断をすることが大切です。

持って行くもの

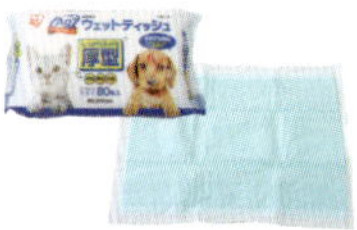

トイレシーツやティッシュなども持参しよう。

移動中に排泄する可能性もあるので処理袋も。

移動距離が長い場合は途中で水分補給を。

クレートの中には毛布やタオルも入れておいて。

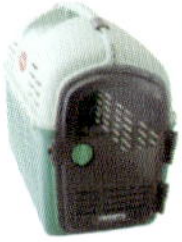

子犬を入れるクレートやキャリーバッグなど。

注意事項をメモするノートとペンは必需品。

➡ 迎えに行く

子犬に負担のかからない交通手段で

慣れない移動で緊張をしていること、また、柴犬は乗り物に酔いやすい犬が多いので、移動距離はできるだけ短めな方がいいでしょう。車で迎えに行く場合は、シートベルトにクレートやキャリーを固定し、車内の温度やエアコンの風が直接当たらないように配慮して移動しましょう。

➡ 先方に到着

聞いてくることをメモしておきます

今まで子犬のお世話をしていたお店の人などに、聞いておかなければならないことや、受け取ってくる物がいくつかありますので、忘れないように手続きをしましょう。その日までに間に合えばもらってきた方がいいのが、血統書、今までに打ったワクチンの証明書など。子犬が新しい家に来ても不安にならないよう、今まで使っていたオモチャやにおいのついたタオルなども可能であればもらってくるといいでしょう。

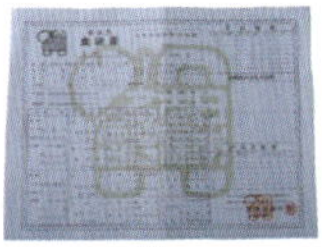

血統書

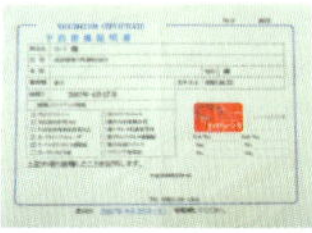

ワクチン証明書

先方に確認すること

排泄の回数や状態
1日のうちで何時頃、そして何回、どのタイミングで排泄しているかなど。できれば健康な状態の便や尿の様子の写真を送ってもらうのも○。

ゴハンのこと
フードの種類、量、与え方（ふやかすなど）、回数、食べるクセ（食が細いなど）。

子犬の性格
頑固、おとなしい、人が好きなど、聞いておくと育てる上で役立ちます。

病歴や親犬について
教えてもらえる範囲で、病歴や親犬の性格なども聞いておきましょう。

自宅に到着したら

まずはサークルの中に入れます

乗り物での移動、環境の大きな変化で、子犬は心身共に疲れています。家に着いたら用意したサークルの中に入れてあげましょう。少し落ち着いて水を飲んだら、そこで排泄をするはず。排泄物を片付けた後は、ゆっくり休ませます。

ゴハンをあげます

ゴハンの時間になったら、今まで食べていたものと同じ内容のゴハンを与えます。初日は緊張と疲れで食べない可能性もあります。30分経っても食べないようなら、一度ゴハンを下げましょう。

遊ばせてみます

十分に眠り、食欲もあり、排泄した物も健康なようなら、サークルから出して、10分ほど自由にさせてみましょう。室内をいろいろ探索するはずなので、目を離さずにそばで見守ります。

ゆっくり休ませます

初日はサークルから出すのは1回くらいにして、とにかくゆっくり休ませます。サークルから出たくて鳴いても無視していれば、やがてあきらめて眠ります。睡眠をたっぷりとることが大切です。

夜もサークルの中で休ませます

POINT

水を飲ませてあげよう

排泄したらすぐに片付けてシーツを替える

落ち着いて眠れるようにケージに布をかぶせてもOK

注意！

構いすぎないのも愛情

かわいくてつい、触ったり遊びたくなると思いますが、構いすぎず十分休ませることが大切。排泄や健康面のチェックはこまめに行いましょう。

迎えてすぐの健康チェック

子犬の健康を
守ってあげられるのは
飼い主さんだけ。
小さな異変でも見逃さずに
気になることがあれば
動物病院へ行きましょう。

少しの遅れが命取りになることも。体調管理は万全に

万が一、譲り受けた先で何かの病気に感染していた場合、2歳未満の乳幼児や先住犬にうつる可能性があります。また、子犬は容態も急変することが多く、発見の遅れが命取りになることも。健康そうに見えても、子犬が家にくる前、または直後に必ず動物病院で全身チェックをしておきましょう。

食欲や元気

迎えたその日は疲れた様子でおとなしくても、一般的に子犬は寝ている時以外は元気なものです。翌日からも元気がなく、食欲もない、という場合は何かのウイルスや細菌に感染していたり、持病がある可能性があります。

咳をする

咳をしている場合に疑わしいのが、ケンネルコフとジステンパーです。特に冬場はウイルスが活性化しやすく、ケンネルコフにかかる確率が高くなります。動物病院でケンネルコフの治療をしても治らない時はジステンパーの疑いがあります。

便の状態

健康な便はティッシュでつまめる硬さです。それよりもゆるい場合は、便を持参し獣医師に相談を。また、犬によってはお腹に寄生虫がいて、便の中に白くて長い動く物が混ざっていることも。便を持ってすぐに動物病院へ行きましょう。

かゆがる

意外に多いのがノミ。「足で体をかく」「背中や腰の毛が抜ける」症状が見られたり、白い紙の上に子犬を乗せ、全身の毛をコームですいてみて、ゴミのような小さな黒い粒（ノミの糞）や白い粒（ノミの卵）が落ちていたら、すぐに動物病院へ。

湿疹などがないか

下腹部などに赤い湿疹やニキビのようなものがあるなど、皮膚に異常が見られた時は、ただちに動物病院を受診しましょう。場合によっては人間に感染するものもあります。皮膚疾患には様々なものがあるので要注意です。

爪は伸びていないか

爪が伸びているとカーペットなどに爪をひっかけて転んだり骨折をすることもあります。また生まれて一度も爪を切っていない場合は、便などが爪の間に付着していることも。爪切りでごほうびを与えながら切りそろえましょう。

早い段階で慣らしたいこと

子犬と触れ合う時に、
毎日やっておくと
必ず役立つ
柴犬のしつけの基本です。
早い段階から
練習してみましょう。

体のどこを触られても大丈夫な犬に育てましょう

柴犬は抱っこや体を触られることを嫌がり、動物病院での治療の際にも暴れたり噛みついて抱っこや保定ができないことがあります。子犬の頃から体に触られることに慣らしておけば、受診の際、毎日のお手入れ時にも大変役立ちます。犬も人もストレスを抱えないために毎日練習しましょう。

口を触ってみます

口を触ったり、開けることにも慣らしましょう。指で歯や歯茎を触ることに慣れれば、歯磨きや投薬時に役立ちます。

耳をめくってみます

子犬がリラックスしている時に耳を触り、さらに耳をめくって耳だれや炎症がないかチェックしましょう。

抱っこしてみます

子犬を抱っこして、背中や胸など、触られて気持ち良さそうにしている所を、優しく撫でてあげましょう。

仰向けにしてお腹を触ります

仰向けに抱っこして、お腹を撫でてあげましょう。この姿勢で落ち着いていられれば、日頃の健康チェックも楽にできます。

ゴハンを手からあげてみます

人の手＝ゴハンをくれる良いもの、という印象を犬にもたせるため、フードを人の手からあげてみましょう。

POINT

嫌がる場合は無理せずごほうびを使って徐々に慣らします

子犬が興奮したり、甘噛みが激しく、触ることが難しい場合は無理をせず、オヤツなどのごほうびをあげながら、少しずつ体に触ることに慣らしていきましょう。

当日にありがちな困ったことなど

「ナゼそんな行動を？」と、
初めて柴犬と暮らす
飼い主さんには、
わからないこともたくさん。
当日の困った行動と
対処法について。

見知らぬ場所、見知らぬ人 子犬にとっては不安だらけ

慣れ親しんだ場所から離れ、子犬はひとりぼっちで新しい家にやってきます。初日は下記のような行動が見られるかもしれませんが、しっかりと見守りながら、不安な気持ちに寄り添ってあげましょう。子犬は適応能力も高いので、飼い主さんにすぐに懐いてくれることでしょう。

➡ おびえる

最初は男の人を怖がる場合も

ショップなどで女性がお世話をしていた場合、男性の声に慣れていなくて、家族の中の男性を怖がる犬もいます。でも、毎日子犬と触れ合ったり、お世話をすれば必ず慣れますのでご心配なく。

➡ 食べない

フードは今までの物と同じに

緊張と不安、疲れで初日は食べないこともあります。また、フードや食器の種類が違うことで、食べなかったりすることもあります。フードは必ず今までの物と同じ種類、同じ状態であげましょう。

➡ 夜鳴き

親犬やきょうだい犬と一緒だった場合は寂しがることも

夜鳴きを全くしない犬もいれば、夜通し、あるいは数日鳴き続ける犬もいます。特に新しい家に来る日まで、親やきょうだい犬と暮らしていた場合は夜鳴きが激しいことも。鳴き方もキュンキュン鳴いたり、子犬とは思えないような太い声で遠吠えするなど様々。夜鳴きがひどい場合は、サークルの近くで寝てあげてもよいでしょう。

4

暮らしを快適にするコツ

住、食、しつけ、柴犬には欠かせない
散歩に関するお役立ち情報まで、快適のヒントを教えます。

暮らしを快適にするコツ 1

子犬の1日の過ごし方

月齢が小さいほど、子犬は眠る時間が長いもの。寝ている時は無理に起こさず、起きてきたら遊ぶようにしましょう。

よく食べ、よく寝て、よく遊び 飼い主の愛情を受けて育ちます

子犬が健やかに育つために必要なのは、よく食べ、よく寝て、よく遊ぶこと、そして飼い主さんの愛情です。特に子犬が生後2ヶ月前後の小さいうちは、できるだけ子犬の生活リズムに寄り添いながら、ゴハンや排泄の世話をしていきましょう。ゴハンや排泄の回数、睡眠時間などは成長と共に減っていきますので、温かく見守ってあげましょう。

生後2ヶ月頃は1日に3～5回に分ける

生後6～7週で離乳が始まり、一般的に家庭に迎えられるのは生後2ヶ月過ぎから。この頃は1日に3～5回に分けて、少量ずつ与えます。ゴハンを食べない時間が長いと低血糖を起こしやすくなりますので注意しましょう。

起きた直後、食後、遊んだ後がトイレタイム

ゴハンの回数が多いのと同様、月齢が小さければ排泄も頻繁に行います。起きた直後、食後、体を動かした後や遊んでいる最中に排泄をすることが多いもの。トイレトレーニングも兼ね、排泄物で健康状態も観察しながら排泄物を片付けます。

生後4ヶ月・オス（家に来て1ヶ月）の1日の過ごし方

ここで紹介するのはあくまでも一例です。子犬の状態を見ながら、各家庭に合ったサイクルでお世話をしていきましょう。

時刻		内容
6:00	起床	● トイレ ● ゴハン
8:00		
10:00		● 遊び ● トイレ
12:00		● ゴハン ● トイレ
14:00		● 遊び ● トイレ
16:00		● ゴハン ● トイレ ● 遊び
18:00		
20:00	就寝	● 遊び ● トイレ

ゴハン・トイレ・遊び・物音に反応して起きる時以外は、睡眠時間！

リビングに子犬のハウススペースがある場合は、夜は遅くならない時間にテレビを消したり、よく眠れるようにハウスに布をかぶせたりすると良いでしょう。

遊び

ハムハムするのが好き♡

眠りから覚めたら、遊びの時間です

子犬が眠りから覚めて、活発に動いている時に、オモチャなどで一緒に遊んであげましょう。また、子犬にとっては部屋の中を歩き回るのも好奇心の満たされる遊びのひとつ。危険な物を取り除いた状態で探索させてあげましょう。

むにゃむにゃ…

睡眠

子犬の睡眠はとても大切。起こさないで

生後2ヶ月頃はかわいくてつい起こしてかまいたくなるかもしれませんが、寝ている時には起こさずに、そっとしておくことが大切です。また遊びながら寝てしまうこともありますので、そんな時はハウスに戻してあげましょう。

居住スペースについて

安心なハウスがあると、成長と共に出てくる様々な問題行動も減る可能性があります。最初のうちにしっかり教えましょう。

ハウス、トイレを覚えたら活動範囲を広げてあげます

飼い始めの頃は、自分のハウスや寝場所、トイレの位置を認識させるためにも、子犬の居場所をできるだけ限定しておきましょう。

子犬が寂しい思いをしないよう、ハウスとなるサークルやケージは、リビングなど家族が集まる所に置きます。エアコンの風が直接吹きつけたり、直射日光が当たる場所は避けます。

また、ハウスは人の出入りが多いドア近辺ではなく、部屋の隅の方に設置した方が比較的静かなので安心して眠ることができます。夜、リビングで犬を早めに寝かせたい時は、大きな布をかぶせてあげても良いでしょう。

留守番が多い家庭では、広めのサークルを用意し、その中に、水、トイレ、寝床、1匹でも遊べる安全なオモチャを用意します。

なお、サークルやケージは屋根のある物を選んだ方が良いでしょう。

成長して体力がついてくると、活発な子犬ならサークルをよじ上って外に出て、留守中に部屋の中を探索して排泄してしまったり、イタズラをすることもありますので、注意しましょう。

ハウス、トイレがきちんと認識できるようになったら、徐々に子犬の活動範囲を広げてあげましょう。入ってほしくない台所などには、侵入防止のガードを設置するなどして、誤飲や思いがけない事故に備えることも大切です。

滑りやすい床に注意!

ワクチンが終わるまでは散歩はおあずけ。家の中で遊ぶ時は、カーペットを敷くなど滑らない工夫をし、足に負担をかけないようにしたいもの。

廊下も工夫次第で、雨の日も走ったりできるかっこうの遊び場に変身。

「ハウスは安心」と犬が認識するよう、無理に閉じ込めたりせず良い印象を持たせよう。

犬が安心するハウスを用意する

部屋の広さ、レイアウトの問題などもありますので、状況に応じてハウスを選びましょう。大切なのは「犬が安心して過ごしているか」どうかです。

あると何かと便利なサークル

サークルはトイレトレーニングにも、ハウスとしても使えてオススメ。

クレート好きになれば移動時も楽々

車までの移動時にはクレートが便利。普段から慣れていればストレス知らず。

室内ハウスの設置例

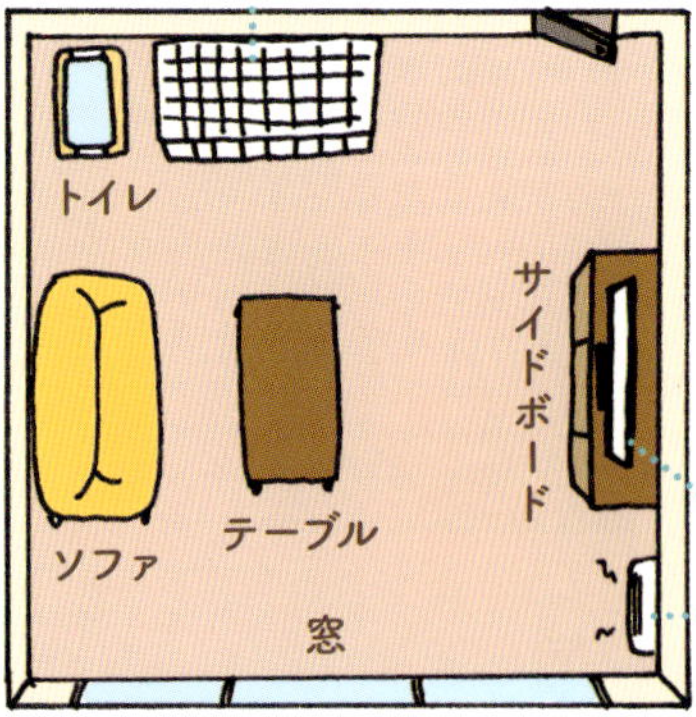

最初のうちは家族の集まるリビングにサークルやケージを置く。部屋の出入り口近辺、エアコンの風が当たる所は避けよう。P86、87 のクレート、ケージトレーニングを行って、来客時や留守番時におとなしくハウスで過ごせるように育てよう。

留守番の時だけハウスに入れておくと……

ハウスをどの形状にするか、最初のうちは迷うかもしれません。犬の性格によっても、ケージの金属音が嫌、クレートの閉じ込められる感じが嫌、と好みが分かれるもの。

ハウスを快適なものにするためには、設置場所、中に入れるものも大切ですが、何よりも犬自身が「この場所が好き、安心できる」と思うこと。無理に閉じ込めたり、留守番の時だけハウスに入れておくと「ハウスは閉じ込められる場所」と認識し、ハウス嫌いになることもあります。オヤツやオモチャなどのごほうびも上手に利用しながら、「ハウスにいると良いことがある」という印象を持たせるようにしましょう。

家の中の危険な物や場所

成長期の子犬は好奇心も旺盛。飼い主さんがうっかり目を離したすきに、予想外の行動をするもの。家の中で事故が起きないよう、室内環境をチェック。

床に落ちた物をとっさにくわえることも多い柴犬。ダシテ（P84 参照）を教えておくと安心。

犬がだいぶ落ち着いてきても油断は禁物です

家の中には犬の好奇心をそそるものがいっぱい。「かじることが好き」という犬の習性から、家具や壁をかじったり、電気器具のコードをかじって感電するケースもありますので、「愛犬がだいぶ落ち着いてきたかな」と思っても油断せず、家の中に危険な物や場所がないか、日々確認することが大切です。

また、近年は閉め切った室内で飼い主の留守中に犬が熱中症になったり、人にしか反応しないエアコンが犬の存在を感知せずに作動しないで犬が命を落とすケースも出ています。夏場に家族が家をあける時は、水をたっぷり用意しておく、部屋の温度管理、犬の過ごす部屋や場所の日光の当たり方などに十分注意を払いましょう。また、地震の際に家具などが倒れて犬がケガをしないよう、耐震対策も万全に。

階段の昇り降りは抱っこが安心

階段から転がり落ちて骨折したり命を落とすケースも。階段は昇らせない、抱っこするなど配慮を。

立ち入り禁止区域は柵などでガード

階段、台所やお風呂場、玄関など、入ってほしくない場所には柵を設けよう。

わずかな時間でも目を離さない

宅配便を受け取りに行っている間や、電話で話している時にイタズラすることもあるのでご注意を。

家の中の危険な物・場所チェックリスト

お宅の室内は愛犬にとって安全ですか？ 家族できちんとチェックしてみましょう。

- □ 台所の床に食材を置いていない
- □ 洗剤などは犬の届かない所にある
- □ 階段の昇り降りを制限している
- □ 玄関の戸があいても犬が飛び出せない
- □ 日頃から浴槽に水を溜めていない
- □ コンセントの近くに犬の毛をためていない
- □ 電気のコードは犬がかじらないようにしてある
- □ ゴミ箱にフタが付いている
- □ 「ダシテ」を教えてある
- □ 耐震対策は万全だ

誤飲事故に注意しよう！

ここで挙げたのは一例です。飼い主目線で愛犬が誤飲しそうなものをチェック！

オモチャの中綿

ペンなどの文具

乾燥剤など

ペットボトルのフタ

ボタンやクリップ

タバコ

床は清潔に保ち、手の届く所に物は置かないこと

犬の誤飲事故は最悪の場合、開腹手術になったり、命を落とすこともあり（※対処法はP140で詳しく紹介）、室内飼いで最も気をつけたいことの一つ。

床に置いてあった玉ねぎや生米を食べて下痢をした、携帯電話やテレビのリモコン、クレジットカードをかじったなど、飼い主が思いもつかない物を口にすることがあります。ゴミ箱をあさるならフタ付きに取り替える、床はこまめに掃除して清潔に保つ、犬が届きそうな所には物を置かない、そして「うちの犬はおとなしいから大丈夫」と愛犬を過信しないこと。誤飲事故には十分すぎるほど注意しましょう。

レントゲンで見る誤飲物

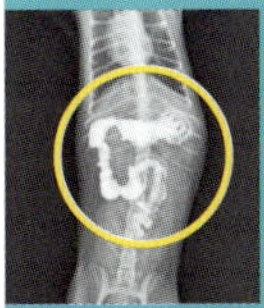

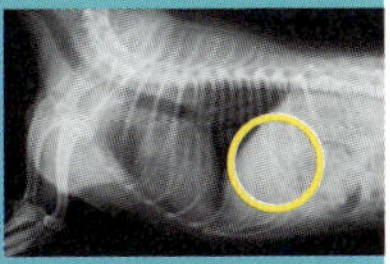

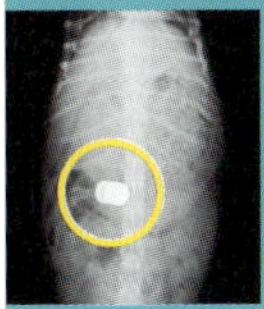

（上右）マチ針。（上左）テープ状の異物。（下）金属のキャップ。何を飲み込んだかわかっている場合は、形状や大きさを獣医師に伝えると処置もスムーズに。

屋外で暮らす場合

優位性の主張が強い柴犬。
吠えなどで来客に迷惑をかけない
居住スペースを作って、犬も人も快適に
過ごせるようにしていきましょう。

プランターなどを居住スペースの前に設置すると目隠しの代わりになって便利。

屋外ハウスの設置例

成長するにつれ、優位性の主張が強くなってくることが多いもの。ハウスは道路や隣家との境界線から離れて、家族の気配が感じられる縁側などの近くに置こう。場合によっては、よその人からの視線をさえぎる物を設置するのもオススメ。

吠え、抜け毛、におい、他者への攻撃に注意を

庭で飼う時には、吠え、抜け毛、においのことで隣近所に迷惑をかけないように配慮しましょう。また、外飼いの犬がガスや水道メーターの検針員に吠えたり噛みつくという事例もあります。訪問者や通行する人にも十分配慮しましょう。

暑さ、寒さ対策は万全に！

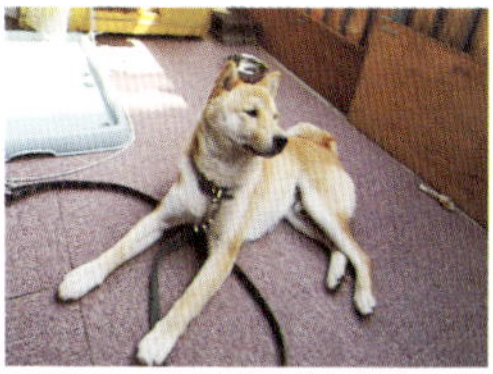

暑さ、寒さ対策は万全に。特に夏場は日よけを作るなど、十分に気を配ろう。

こまめに触れ合いましょう

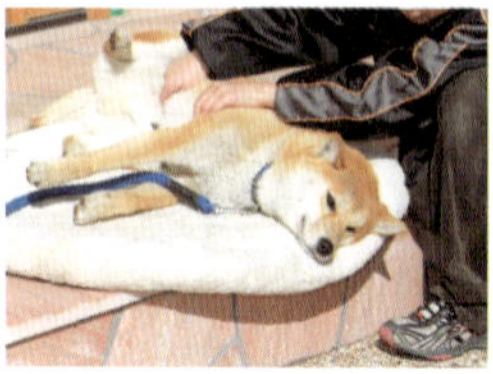

室内犬に比べて飼い主と触れ合う時間が少なくなることも。こまめな触れ合いを心がけて。

よその人が苦手な犬は…

「猛犬注意」などのステッカーを貼り、他人への噛みつき事故を未然に防ごう。

活動範囲を制限する方法も

庭は柴犬にとって、自分の大切な居住空間。守るスペースをある程度制限してあげることで、警戒心や吠えなどが軽減されることもある。

Q 外に設置したハウスに全然入りません

A 中で体が伸ばせず窮屈だから嫌、ハウスに窓がなくて夏は風通しが悪い、先代犬のにおいがついているお古だからなんか嫌など、犬がハウスを嫌がる理由もいろいろあるものです。成長してハウスが窮屈そうに感じたら、別の物に買い替えたり、風通しが悪いハウスは窓を作るなど、アレンジしてみましょう。

ハウスの場所や形が気に入らないことも。場所の移動やハウスの交換を検討しよう。

Q サークルが場所を取るのでいつかは片付けたいのですが…

A 広いサークルの中にトイレとクレートを入れていて、最終的にサークルを取り外したい場合は、まずサークルの扉を開けた状態にして、自由にサークルの中と外を行き来できるようにした上で、犬がサークルの中でトイレができるようになっていることを確認します。次に、寝る場所とトイレがきちんと分かれていることを確認できたら、サークルを外しても問題ないでしょう。

Q ケージ越しに壁をかじって破壊します

A まずはケージの設置場所を壁から離しましょう。そして、留守番中に犬がサークルの中で退屈しないような、暇つぶしのオモチャ（コングの穴に好きな味のペーストを塗ったものなど）を与えたり、犬をサークルに入れる前に散歩に連れて行ったり、引っ張りっこをして遊ぶなど、十分に体力を発散させます。壁とサークルの間には板などをはさんで、かじられない工夫もしてみましょう。

Q サークルに入れると吠え続けます

A 留守番の時にだけサークルに入れて家族みんなが出かけてしまったり、イタズラをした時に閉じ込めているなど、サークルやハウスに良い印象を持っていない可能性もあります。犬が現状のハウスを嫌がる場合は、思いきってサークルからクレートに替えてみる、大好きなオヤツを食べる時はサークルの中でだけにする、などハウスの印象を良いものにして、気分をリセットさせてあげましょう。

ゴハンについて

ドライフード、トッピング、手作り、オヤツのこと……。体作りの基本となるゴハンについて学んでおきましょう。

購入する時にはパッケージの表示をしっかり確認して

およそ生後1年までは、栄養価の高い子犬用の総合栄養食を主食として与えることが大切です。ドライのドッグフードは犬に必要な栄養素が気軽に摂れるゴハン。また硬いので歯石も付きにくいのが特徴です。人間の食べ物は与えないこと。月齢や体重に合わせ、決まった量を水と一緒に与えます。

なお、パッケージでは、❶総合栄養食と記載されているか。❷原産国は信頼できる国か。❸原料は天然由来か。❹原料は何を使っているか（犬がアレルギーの場合は必ず見ること）。❺製造年月日、賞味期限はいつまでか。の5項目を必ず確認して購入しましょう。

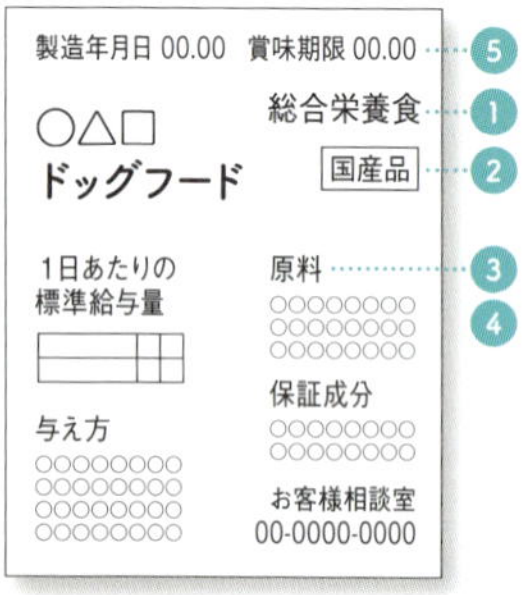

生後1年は栄養価の高い総合栄養食を与えよう。

ゴハンがドッグフード主体に変わったことや、犬が家族化したことで、近年犬の寿命は延びている。

● 犬に与えてはいけない物

- チョコレート
- 串に刺した物
- ネギ類
- タコやイカ類
- アルコール類
- ブドウ
- 揚げ物など
- コーヒーなど

人の食べ物の中には、犬が中毒症状や消化不良を起こす危険な物もあるので、絶対に与えないようにしよう。

回数・量

子犬の頃は3～5回、成犬は1日2回に

生後4週位からふやかしたフードを食べ始め、6～7週で離乳、徐々にドライフードも食べられるようになります。家に来た2ヶ月頃は1日に3～5回に分けて少量ずつ、成長とともに回数を減らし、成犬になったら1日2回与えます。体重に合わせて適量を量り、人によってあげる量が異ならないよう注意しましょう。

家族の多い家では、人によってあげる量が異なり、犬が肥満になることもあるので、日頃から分量を量る習慣をつけよう。

種類

子犬用、ダイエット用など様々

ドライフードには子犬用、ダイエット用、シニア犬用や療法食など様々な種類があります。1歳までは栄養価の高い子犬用を与え、それ以降は健康状態に合わせて切り替えます。ただし、子犬にダイエット用を与えたり、若い犬にシニア用を与えるのはNG。必ず年齢に合った総合栄養食のフードを適量与えましょう。

●パピー用例

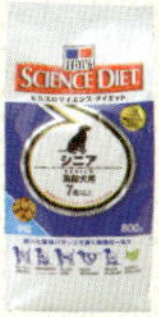

●シニア用例

●ダイエット用例

例えば、チキンアレルギーがあるなら「ラム＆ライス」にするなど、愛犬の体調や健康状態に合わせた選び方をしよう。

切り替え方

新しいフードにする際は1週間かけて

子犬が家に来た当初は、前の家で食べていた物と同じフードを与えます。フードの種類を切り替えていく場合は、いきなり替えずに写真で示したように、少しずつ新しいフードを入れてみて愛犬の体調（食欲、便、涙や皮膚の状態など）を見ながらゆっくりと行います。まれに食餌アレルギーの犬もいるので、十分な注意が必要です。

1日目は1/4弱を混ぜる

▼

4～5日目は半々くらいに

▼

7日目くらいで切り替え完了

フードを切り替える途中で体調が悪くなったら、かかりつけの獣医師に相談を。

与えるタイミング

散歩の後、落ち着いたら与えましょう

ゴハンは散歩から帰って来て、犬が落ち着いたタイミングで与えます。興奮していたり慌てて食べると、フードと一緒に大量の空気も飲み込んで、胃腸に負担をかけることがあります。また、夜遅く与えるのは消化にも良くないので避けた方が良いでしょう。留守がちな場合は自動給餌器などを利用してみましょう。

ゴハンはできるだけ犬が落ち着ける環境であげたいもの。慌てて食べる犬には、人の手から一粒ずつあげてみるのもオススメ。

手作りゴハンやトッピングのこと

愛情をかけた手作りの物を
食べさせてあげたい、
そんな飼い主さんに
ぜひ知っておいて
ほしいことがあるんです。

トッピングをしたい場合は、必ずしっかりと混ぜ、フードも残さず食べさせるようにしよう。

トッピングはドライフードの量に対して１～２割を目安に。犬がトッピングだけ食べないよう要注意。

栄養が偏らないような工夫が必要になります

犬の食事は栄養配分が難しいので、完全な手作り食にする場合は、かかりつけの獣医師や専門家に相談しながら、愛犬の体調に合わせて行っていきます。

ただ、手作り食は自分で食材を吟味して購入できるので安心感があることも事実です。調理の際は加熱しすぎないようにしましょう。ビタミンは熱を加えると壊れてしまうので、高熱で加熱した肉ばかり与えていると、サイアミン（ビタミンB_1）欠乏症になり、けいれんを起こしたり死亡する危険もあります。煮る時には沸騰させないのがコツ。ドライフードに手作り食材をトッピングする際も同様ですが、トッピングの場合はフードの1～2割以内を目安にし、与える時は犬がトッピングだけ食べてしまわないよう、フードとよく混ぜるようにしましょう。

犬に必要な栄養素

もともと犬の祖先は肉を食べて生きてきましたが、人と暮らすようになってから雑食性になり、炭水化物を含む食材を食べるようになるなど、食生活も長年の間に変化しました。「タンパク質」「脂肪」「炭水化物」「ビタミン」「ミネラル」の５つは、動物が健康な体を維持するための栄養素ですが、特に犬は人の４倍のタンパク質が必要と言われています。ただし、タンパク質は摂りすぎると肝臓や腎臓に支障を起こしますし、不足すれば元気がなくなったり、毛艶が悪くなることも。また、犬は脂肪も人より多く必要としますが、摂り過ぎはやはり肥満の原因になります。栄養バランスの偏りは、肝臓、皮膚、神経、筋肉など、体の様々な所に異常をきたす危険があります。手作り食で犬を育てる際は、犬に必要な栄養をしっかり満たしてあげる必要があります。

オヤツの正しい使い方

オヤツはただなんとなくあげるのではなく、しつけの時のごほうびとして有効に活用しましょう。愛犬の健康状態に合う、良質な原材料のオヤツがオススメです。

オヤツの量は、1日の食事の1割以内におさえよう。あげ過ぎは偏食や肥満の原因に。

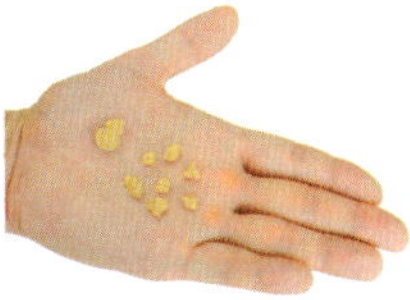

同じ量のオヤツを与える場合も、小さくちぎれば何回も楽しめる。あらかじめ刻んでおくのも○。

ランク付けしてオヤツを使うのもオススメです

オヤツを選ぶ際は犬の健康のことを第一に考えましょう。食材や添加物で食餌アレルギーが出る場合もありますので、最初は少し与えて様子を見て体に合うようなら、しつけのごほうびとして使います。オヤツはゴハンのかわりにはなりません。あくまでも楽しみやごほうびの一つとして考えること。また、食べ慣れないものは口にしない犬もいますから、小さい頃から様々な食材のオヤツを少しずつあげるのもオススメ。やがて犬の好みが出ますので、指示が上手にできたら大好きな特別な物をあげるなど、ランク付けしてオヤツを使っていきましょう。

オヤツの種類を知っておきましょう

長時間かじれる物

馬のアキレスや牛皮ガムなど長時間かけてかじれるものは、留守番時にオススメ。

魚系の物

煮干しだけでなく、鮭やマグロ、キビナゴなど、最近はラインナップも豊富に。

肉系の物

ハードなジャーキーやソフトなもの、コングの中に塗って使うペースト状のものなど、食感も様々。

ビスケット系の物

ミルク風味やカルシウム入りなど種類も様々。歯につきやすいので歯磨きはこまめに行おう。

においの強い物

犬用のチーズやソーセージなどはにおいが強いので、オヤツの好みの上位に入ることも。

注意!

ガム

ひづめ

硬すぎたり、丸ごと飲み込んでしまいそうな形状のオヤツを与える時には、十分気をつけよう。

犬が食べやすい器を選ぼう

勢い良く食べる、ポツポツゆっくり食べるなど、
犬によっても食べ方はいろいろ。
愛犬の食べ方の特徴などを観察しながら、
食べやすい器を選んであげましょう。

軽い器だとゴハンをひっくり返してしまうことも。
重さや素材も考慮しよう。

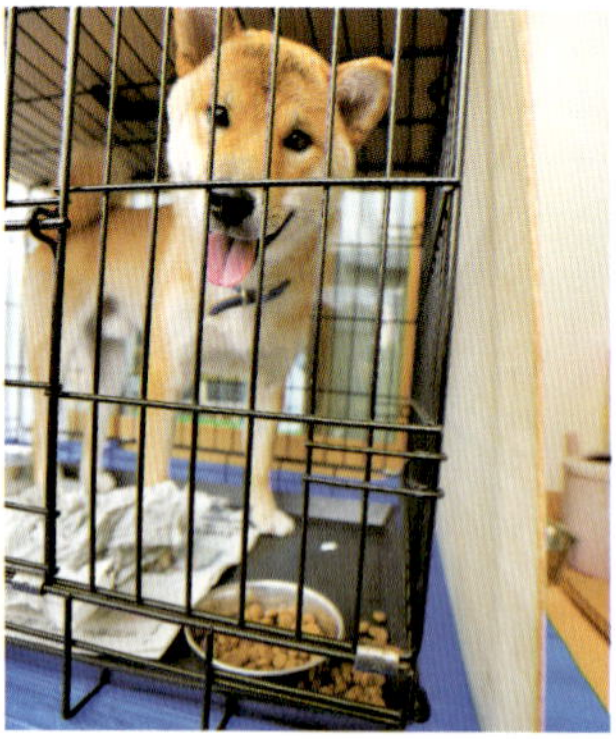

こぼして食べるのが好きな犬も

食べ癖にはいろいろあり、中には器からこぼしてから食べるのが好きな犬も。その犬の個性も尊重しゴハンの時間を楽しいものにしてあげよう。

プラスチック製

扱いやすいが、犬が噛んで壊してしまうことも。

ステンレス製

丈夫で長持ち、サビにも強い昔からある定番品。

早食い防止用

でこぼこの突起で、食べるのを遅くする工夫の器。

陶器や磁器など

重さがあるので、ひっくり返す心配が少ない器。

ゴハンの後は器を下げる習慣をつけましょう

器の素材や大きさ、形状も様々です。愛犬の食べ方が勢い良すぎて、ゴハンの時に器ごとどんどん前に押しやってしまって食べにくそうなら、動きづらい重量のあるタイプの陶器がオススメです。

なお、プラスチックや柔らかいアルミの器は、食べ終わって出しっぱなしにしていると、犬が暇つぶしにかじってしまうことがあります。ゴハンの後は器を下げる習慣をつけましょう。また、食べ終わった後も器をしばらく舐める犬は多く、器には唾液がたくさん付着しています。器は毎日しっかり洗い、清潔に保つよう心がけましょう。

飲み水についての基礎知識

夏場は1日に3～5回、こまめに水を取り替えましょう。特に外飼いの場合は水を切らさないように十分な注意を。

運動直前や散歩中の大量摂取はやめましょう

特に夏場などは熱中症にならないためにも水分補給は大切です。しかし、運動の直前や散歩中に大量の水を飲ませてしまうと、胃捻転を起こしたり嘔吐する可能性があります。水分補給は大切ですが、飲ませる時は少量ずつゆっくり飲ませるようにしましょう。

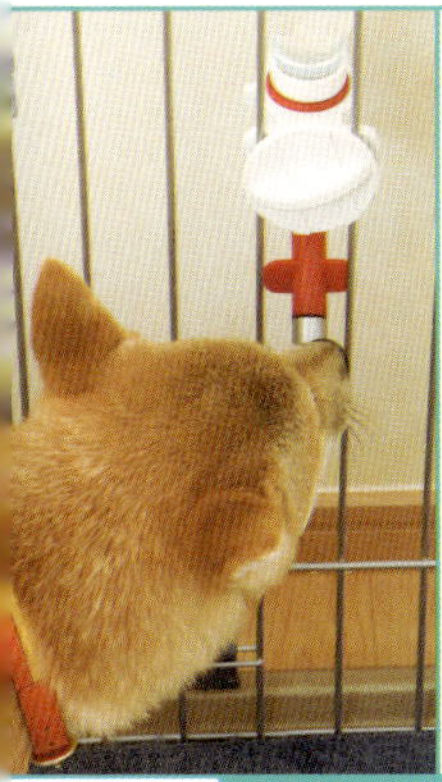

給水ボトルタイプは万が一の地震の際にも水がこぼれにくいという利点もあるが、少量ずつしか飲めないのでイライラしてストレスを感じる犬も。床に置く陶器のものなどと並行しての使用を。

Q いつものフードに飽きてしまったら？

A 毎日食べているフードに飽きているようなら、電子レンジで軽く温めて風味を出したり、コングなどの知育オモチャに詰めて食べ方を変えたり、あるいは近くの公園に行って違う環境で食べてみる、など変化をもたせてみましょう。食べないからと、すぐに犬の好物をトッピングすると、「食べないとおいしいものがもらえる」と学習し、余計食べなくなる可能性も。

食べないようなら、フードを一度片付けて様子を見よう。

Q 水道の水がまずいのでミネラルウォーターを飲ませてもいい？

A 万が一水道の水がおいしくない場合は、浄水器を通した水を飲ませましょう。ただし、ミネラルウォーターは注意が必要です。膀胱結石など泌尿器系の病気になりやすい体質の犬は、ミネラル（カルシウム）が悪影響を及ぼす可能性があります。ミネラルウォーターを飲ませたい場合は、動物病院で尿検査をして愛犬の体質を調べておきましょう。

トイレについて

子犬を迎えた日から始めたいしつけが、室内トイレのトレーニング。柴犬はきれい好きなので、トイレの環境を整えて手順どおりに教えれば、すぐに覚えます。成犬になっても習慣にしましょう。

室内トイレは環境と排泄のタイミングが大切

子犬のトイレトレーニングは、迎えた日からすぐに始めたいしつけです。家に来たばかりの子犬は、その家のどこで排泄をしていいのかわからないものです。部屋の中で犬を自由にさせていれば、いろいろな場所で排泄をしてしまいます。決められた場所で排泄ができるように飼い主さんがしっかり教えてあげましょう。まずは犬がトイレを覚えやすい環境を整え、排泄のタイミングに合わせて誘導して、成功を積み重ねて教えていきます。柴犬は自分の生活スペースを清潔に保ちたい意識が特に強いので、トイレを早めに覚えてくれることでしょう。

しかし、柴犬の場合、散歩デビュー後は外でしか排泄をしなくなる犬も多いのが特徴です。室内でのトイレの習慣を忘れてしまうと、大雨や台風などの悪天候の日にも排泄のためだけに散歩に出たり、長時間の留守番の際に犬に排泄を我慢させることになります（オシッコの我慢は泌尿器系の病気のリスクが高まります）。

また、シニア犬になった時に、足腰が弱った状態で排泄のために外へ行くのも、犬の体に大きな負担をかけることになりますので、成長しても室内トイレの習慣を残すことが大切です。

トイレトレーニングは焦らず、叱らず、根気よく行おう。

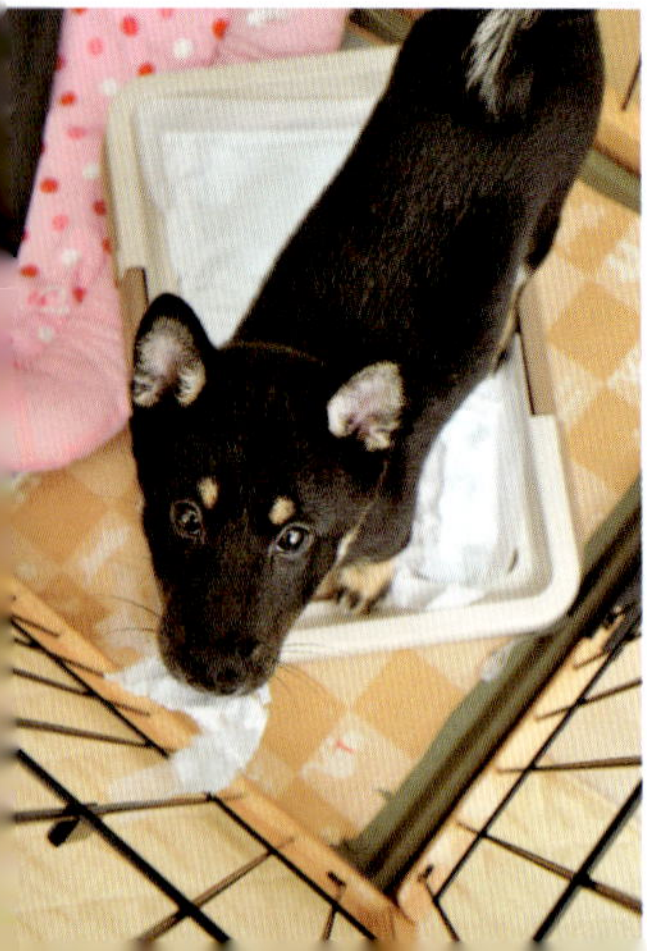

柴犬はきれい好き。トイレの場所をしっかり教えれば、自分の寝場所を汚すこともない。

まずはトイレの環境を整える

子犬に室内トイレを教えるためには、トイレの場所がわかりやすい環境を整えて、できるだけ失敗をさせないようにすることが大切です。留守番の時間などにも合わせて生活スペースを整えましょう。

留守番の時間が長い場合

サークルの中にトイレを含む生活スペースを作ります

大きめのサークルを用意して、留守番時間が長くなっても快適に過ごせるような生活スペースを作ります。トイレ、ハウス（ベッド）、ゴハン、水、遊ぶ場所をしっかり分けましょう。それぞれの場所を子犬が理解するまでには、少し時間がかかるかもしれませんが、焦らずに「そこが正しい場所」だということを教えていきます。

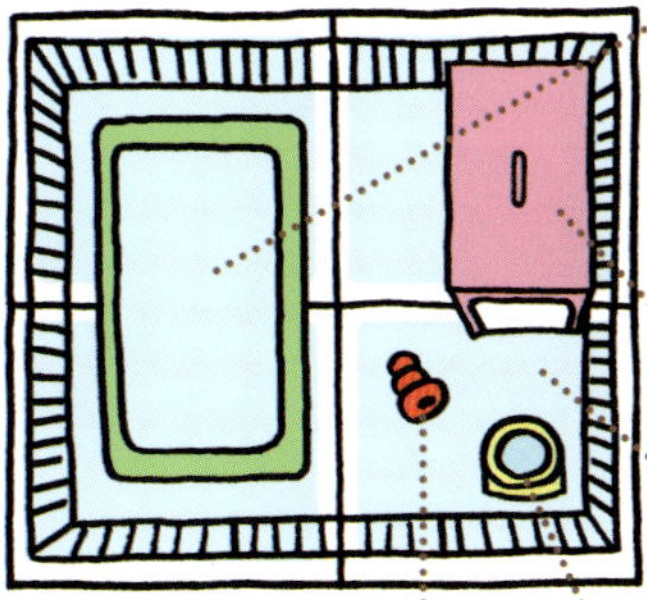

トイレ／トイレトレーはハウスやベッドの反対側へ。周囲にへりがあるタイプの方が、犬が排泄の場所だと理解しやすい傾向があります。成犬になっても使えるように、ワイドサイズ（60cm × 45cm）のトイレシーツを用意します。

ハウス／ハウスはトイレから離れた場所に置きます。寝場所を清潔に保ちたい柴犬の習性を利用します。

床／トイレトレーニング中は、サークル全体にトイレシーツを敷いておきます。こうすることで、「失敗がゼロ」の状態からトレーニングを始めることができます。排泄する場所が決まってきたら、徐々にトイレシーツを敷き詰める範囲を小さくしていきます。

ゴハンや水／ゴハンや水があるところは犬にとって清潔に保ちたい場所。トイレから離しましょう。

オモチャなど／コングなどの知育オモチャなど、犬が留守番中にも退屈せずに遊べるような物を入れておきます。

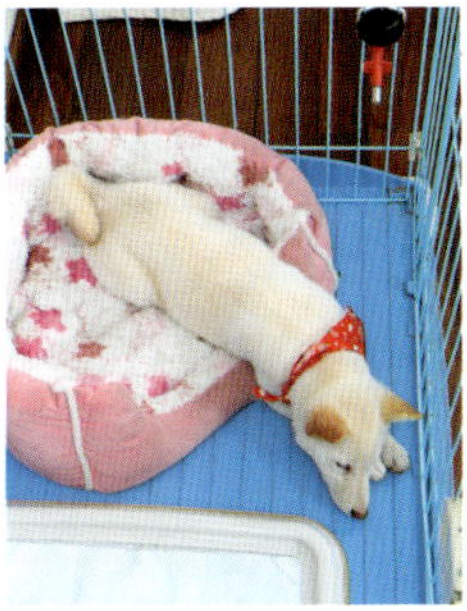

留守番の時間が短い場合

サークルの中にトイレとハウスを置きます

サークルの中にハウスやベッド、トイレ、水を入れましょう。狭いので遊ぶ場所はサークルの外になります。日頃から家に誰か人がいて、犬を頻繁にサークルから出せる家庭に向いています。

排泄のサインを読み取る

子犬が排泄するタイミングを見計らってトイレに誘導し、トイレの場所を教えます。排泄のタイミングや間隔、排泄前の犬の仕草や行動を知っておきましょう。

ソワソワし始めたり、床のにおいを嗅ぎ始めたら排泄のサインの可能性が。愛犬の行動をよく観察しよう。

排泄前のしぐさや行動

床のにおいを嗅ぎ始めたら

今まで遊んでいたのに、急にソワソワし始めたり、周辺のにおいを嗅ぎ始めた時は排泄の可能性が高いもの。このサインを読み取ることで、より確実なトレーニングができます。

● においを嗅ぐ

それまで夢中になっていたことをやめて、周辺のにおいを嗅ぎ始めたら、排泄する場所を探している可能性が。

● ウロウロする

落ち着いて排泄できる場所を探して、ウロウロと歩き回るような様子があれば排泄のサインかも。

● くるくる回る

その場でくるくる回り始めた時は、足の感触で排泄する場所を確認している状態です。排泄はもう間近です。

排泄のタイミング

「月齢＋1時間」間隔を目安に！

子犬が排泄をがまんできる間隔は、月齢＋1時間（生後2ヶ月なら3時間）と言われています。しかし、活発に動いている時には頻繁にもよおすので、間隔が15分前後になることもあります。

● 目が覚めた時

寝起きはオシッコがたまっている状態なので、最適なタイミングです。

● 遊んだ後

遊んで興奮した時には、排泄の間隔が短くなる傾向があります。

● ゴハンの後

満腹になると、膀胱が圧迫されて排便、排尿をもよおしやすくなります。

● 水を飲んだ後

子犬は排泄を我慢できないので、水分補給後はオシッコが出やすい状態です。

基本のトイレトレーニング

排泄の様子が見られたらすぐにトイレへ誘導します。成功したらほめてフードなどのごほうびをあげ、「トイレで排泄すると良いことがある」と教えます。覚えた後も習慣としてぜひ続けましょう。

子犬の時にせっかくマスターした室内トイレ。成犬になってもできるように習慣づけておきたいもの。

排泄しそうな時にトイレへ

排泄前のサインが見られた時に、素早くトイレへ誘導します。この時、子犬にトイレへの入り口を教えるために、サークルの扉から入れます。

排泄しなければ仕切り直します

サークルの中に入ってから、10分程度見守っても排泄をしなければ、仕切り直します。15分ほど立ったら再チャレンジしましょう。

排泄し始めたら言葉をかけほめます

排泄し始めたら、「トイレ、トイレ」「ちっち、ちっち」などの言葉をかけます。子犬が排泄したら、すぐにほめてごほうびを与えます。

排泄が終わったらサークルから出します

排泄が済んだら、サークルの扉を開けて犬を外に出します。子犬にとっては飼い主と遊んだり、部屋の中を自由に歩けることがごほうびになります。

● はじめに

排泄の指示を決めておきます

「トイレ」「ちっち」などの特定の言葉で排泄するように、指示を決めて教えておきましょう。排泄のたびに「トイレ」などと声がけしていると、やがて犬は排泄と言葉をセットで覚え、言葉を聞くと排泄をもよおすようになります。特定の場所や乗り物で移動する前に済ませられるなど、いろいろな状況で役立ちます。

POINT

連休や長期休暇を利用しましょう

基本のトレーニングは、子犬の排泄のタイミングに合わせてトイレに誘導し、成功させてほめてあげます。留守番の時間が長くなりそうな場合は、犬を迎えた当初の連休や長期休暇を利用して、集中的にトレーニングをする方法も有効です。

室内トイレを継続するために

きれい好きなことでも知られる柴犬は、
散歩デビュー後は外で排泄を
済ませる機会が増えていきます。
成長後も室内トイレで
排泄する習慣を残しましょう。

決まったトイレの上で排泄できる習慣を身につけておけば、外出先で宿泊する時にも粗相の心配が減る。

1 室内トイレを置いておきます

外で排泄を済ませる機会が増えても、室内トイレはそのまま置いておくようにしましょう。

2 散歩前に声がけをして排泄させます

柴犬は散歩を好む犬がとても多いので、散歩自体を排泄した時のごほうびとして活用します。「トイレ」などの声がけをして室内トイレで排泄ができたら、ごほうびとして散歩に連れて行きましょう。

3 排泄後にごほうびをあげます

犬が自主的に室内トイレで排泄をしたら、「おりこう」などと声がけして、ごほうびをあげます。犬が好きな食べ物の他、散歩、遊びなどもごほうびになりますので、犬が喜ぶごほうびをあげるようにします。

外でしか排泄をしなくなったら…

散歩の時だけにしか排泄しない習慣がついている場合は、手順を踏んで室内トイレのトレーニングを行います。

室内でのトイレを覚えていれば、飼い主の帰宅時間が遅い時や、悪天候の日も犬の体に負担をかけずに済む。

1 排泄の傾向を確認します

犬が排泄（マーキング）する時間、場所、回数を把握します。外で排泄させた後は、水や消臭剤をかけてにおいが残らないように気を配りましょう。住宅街では門扉や花壇を避けることがマナーです。

2 排泄に合図をつけます

犬が排泄を始めたら、すぐに「トイレ」や「ちっち」などの言葉をかけます。排泄の間は繰り返し言い続け、終わったらほめてオヤツなどのごほうびをあげます。1ヶ月ほど繰り返すと、犬は合図と排泄をセットで覚え始めます。

3 家の近くで指示を出し排泄させます

犬が排泄しそうな時間に散歩に行き、好みの場所に似た所で排泄の言葉を言います。成功したらほめてオヤツなどのごほうびをあげ散歩を続けます。排泄しなければ、仕切り直すために帰宅して10分後に再挑戦を。

4 家の周辺で指示を出します

散歩の支度をして外へ出て、家の庭や敷地内で指示を出し排泄を促します。成功したらほめてオヤツなどのごほうびをあげ、散歩に出かけます。もし排泄しなければ、仕切り直すために帰宅して10分後に再挑戦を。

5 室内トイレで排泄させます

サークルの中にトイレシーツを敷き詰めます。足を上げるオスは周囲にもトイレシーツを貼り、排泄（マーキング）の目標としてトイレシーツを巻いたペットボトルを置きます。環境が整ったら犬をサークルの中に誘導します。

Q 興奮するとすぐに漏らしてしまいます

A 子犬は家族の帰宅や来客で興奮した時に、漏らしてしまうことがあります。「うれション」と呼ばれるものです。サークルの中にトイレシーツを敷き詰めて、犬を中に入れておきましょう。興奮する出来事の前に排泄させておく方法もあります。うれションは成長とともに収まっていくことも多いのですが、早期に解決したい場合は、興奮の程度を抑える習慣をつけましょう。

Q サークルの中のハウスで排泄します

A まずは環境を変えましょう。サークルの中のハウス（ベッド）を取り出して外へ置きます。サークルにはトイレシーツを敷き詰め、どこで排泄しても成功するような環境にします。人が様子を見ていられる時にハウスで寝かせ、排泄のタイミングでトイレに誘導。集中して教えた方が成功しやすいので、連休などを利用しましょう。

Q トイレに失敗したらどうしたらいい？

A 犬はいろいろな場所で排泄する動物なので、トイレの失敗を叱られても理解できません。叱ることが、犬にとっては「かまってもらえた」というごほうびになることもあります。また、「排泄したら叱られた、嫌なことが起きた」と学習して、隠れて排泄するようになる場合もあります。

叱るのは絶対にNG。「排泄してはいけないんだ」と犬が認識してしまうこともあるので注意しよう。

Q 玄関のマットで排泄してしまいます

A 犬はトイレを「場所」「におい」「感触」で覚えます。トイレシーツに似ているマットなどの布製品を、トイレだと勘違いするケースはよく見られます。トレーニング中は、トイレシーツに似た感触のものは片付けましょう。バスマット、キッチンマットも同様です。サークルから出して遊ばせる時には、排泄のタイミングやサインを読み取ってトイレに誘導しましょう。

社会化について

犬に社会性を身につけさせるためには社会化が必要です。最適な時期に行い、継続することを目標にしましょう。

人、犬、物、環境に早い段階で慣れさせることが大切

犬と暮らしていくためには、「社会化」がとても大切です。愛犬を迎えたら、人、犬、物、環境などに慣れるための練習を始めましょう。様々な経験を積むことで社会性を身につけ、物事に落ち着いて対処できるようになります。社会化が不足している犬は、ささいなことに恐怖や興奮などの過剰な反応をしやすくなります。

犬が身につけられる社会性の程度は、生まれ持った性質や犬種の特性が影響します。柴犬は警戒心が強く、シャイな傾向の犬も多いため、社会化が特に重要な犬種といえます。飼い主さんとのトレーニングでおおらかな犬に育てましょう。

社会化に最適な時期は、生後3週目から14週目頃までと考えられています（P61参照）。この時期は「社会化期」と呼ばれ、好奇心が警戒心より勝るので、いろいろなものを受け入れられます。また、社会化期にも犬種の特性が影響します。柴犬はオオカミに近い原始的な犬種で、社会化期が生後数週間以内に終わるオオカミのように、社会化期が他犬種より短いとも考えられています。子犬を迎えたら早めに社会化を進めます。スタートが遅れるほど、犬の警戒心は強まっていくので慎重に行います。犬は社会化によっていろいろな経験を積み重ねて、対処する方法を学んでいきます。子犬時代だけではなく、生涯にわたって継続していくように心がけましょう。

親犬と過ごす子犬時代から社会化は始まっている。親犬やきょうだい犬と共に少なくとも8週齢まで過ごすことが、重要な社会化になる。

社会化に最適な時期と1歳までの成長過程

あっという間に
大きくなるよ!

胎子期

母犬の性格が子犬に影響します

犬の妊娠期間は約60日。母犬の性格や生活環境は子犬に影響します。安定した母犬から生まれた子犬はストレスに強いもの。

新生子期

自力で母犬のもとへ

目が見えず耳も聞こえない時期ですが、自力で母犬の乳にたどり着きます。強い子犬は母乳が出やすい下の位置をキープします。

移行期

五感が発達する時期

五感が少しずつ発達する時期。3週目には目が開きます。動作が機敏になり、母犬やきょうだい犬と遊びます。

社会化期(前期)

身体能力が上がっていきます

周囲の物へ興味を持ち始めます。身体能力が上がり、軽く走れるようになります。周辺を積極的に探検し始めます。

社会化期(後期)

新たな家族が社会化をします

そろそろ新たな家族のもとへ行く時期。安定した環境で育った犬は元気いっぱい。迎えたらすぐに社会化の準備をしましょう。

社会化期(完了期)

警戒心が少しずつ出ます

人の言葉を理解し始めます。少しずつ警戒心が出てくるので、ワクチン接種前でも抱っこで散歩を行い、社会化を進めます。

若年期

性別の差が顕著に現れます

性別による心身の差が顕著になります。性成熟期を経て、成犬に近付きます。引き続き社会化は行います。

成犬期(移行中)

日本犬らしく成長します

ヤンチャだった子犬が成犬の貫禄を備え始めます。落ち着きを見せるようになる反面、困った問題(吠えなど)が出始めることも。

具体的な社会化のトレーニング

トレーニングは日常生活に取り入れて行いましょう。
愛犬の様子を見ながら
無理なく進めることが大切です。

子犬の性格も様々。その犬に合ったペースで行っていこう。

音に慣らします

1. 音を小さいボリュームで流します
2. やや大きいボリュームで流します
3. さらに大きいボリュームで流します

インターホンの音や環境音が録音された市販のCDなどを利用します。犬が遊んでいる時やくつろいでいる時に、音を小さいボリュームで流し、犬の様子を見ながら、少しずつボリュームを大きくします。落ち着いていられたらごほうびを与えます。

触れられることに慣らします

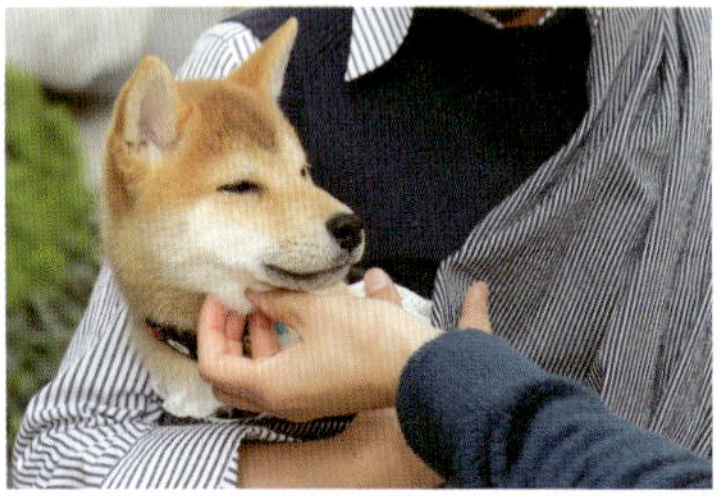

1. 手にごほうびをのせて与えます
2. 食べさせながら背中を触ります
3. 食べさせながらシッポや足先を触ります

人の手に慣らすために、最初は手にごほうびをのせて与えます。食べさせながら、犬の抵抗感が少ない背中から優しく触ります。シッポや足先などの先端は敏感な部分なので、犬が嫌がることも。とっておきのごほうびを用意して少しずつ進めます。

見知らぬ物に慣らします

1. 見慣れない大きい物を置きます
2. 見慣れない形の物を置きます
3. 不思議な音がする物を置きます

家庭にある物の中から、子犬が今まで見たことがない大きさの物（旅行バッグなど）、形の物（ぬいぐるみなど）、音がする物（ビニール袋など）を順に置いて見せ、落ち着いていられたらごほうびを与えます。目の前に置くと怖がることがありますので、離れた所にさりげなく置きます。

POINT

子犬をよく観察して社会化を

シャイな犬は怖がることがあります。その場合は手順を戻す、対象物から犬を離す、刺激を弱くする、などの工夫を。落ち着いていられたら、とっておきの食べ物やオモチャのごほうびを与えましょう。

人の様々な格好に慣らします

1 飼い主が着ている洋服を変えて見せます

2 飼い主が帽子などをかぶって見せます

3 飼い主がサングラスなどをかけて見せます

見慣れない格好の人を怖がらないように、飼い主が格好を変えて犬に見せる。落ち着いていられたらごほうびを。外で見知らぬ人の格好を見ることは刺激が強いため、最初は家で行い、慣れたら外へ。その時（P64）にいろいろな格好の人も見せて慣らします。

家族以外の人に慣らします

1 友人を自宅に招いて犬にごほうびを与えてもらいます

2 手の甲を差し出してもらって犬に嗅がせます

3 犬の背中や胸元を優しく触ってもらいます

飼い主さんの友人を自宅に招きます。最初に友人から犬にごほうびを与え、犬が慣れたら友人の手のにおいを嗅がせ、背中や胸元などの犬の抵抗感が少ないところを触ってもらいます。いろいろな人に慣れるために、老若男女の友人に協力を依頼します。

いろいろな床・地面の感触に慣らします

舗装された場所を歩きます

ウッドデッキを歩きます

石畳を歩きます

芝生を歩きます

いろいろな床や地面の感触に慣らします。ワクチン接種前は病気などの感染を防ぐために、不特定多数の犬が来ない家の敷地内にある地面を利用します。室内ではカーペットや段ボールなどの様々な素材を並べて歩かせます。滑りやすいフローリングなどは避けて。

首輪やハーネスに慣らします

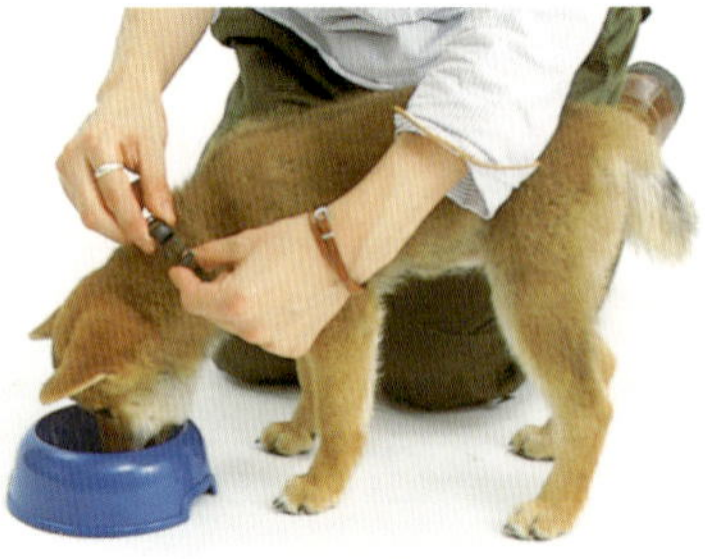

1. ごほうびを与えながら首輪をつけます
2. 犬が好む楽しいことを続けます
3. リードをつけて歩かせます

首輪やハーネスに違和感を覚える犬もいるので、家にきた直後から早めに慣らします。ごほうびを与えながら視界に入らない後ろから首輪をつけ、ごほうびや遊びなどの楽しいことを続けます。慣れたら首輪にリードをつけ引きずらせた状態で遊びます。その状態の時にリードを押さえてからすぐに離し、進めない状況にも慣らします。

外の環境に慣らします

1. 犬を抱っこして近所を歩きます
2. 少し賑やかな駅前を歩きます
3. 賑やかな幼稚園の前を歩きます

散歩に行く前から外の環境に慣らします。ワクチンの接種が終わるまでは、犬を抱っこして外を歩き、いろいろな環境を見せます。落ち着いていられたらごほうびを。静かな環境から賑やかな環境へ行動範囲を広げていきます。

動物病院に慣らします

1. 動物病院の受付に行きます
2. スタッフにごほうびをもらいます
3. スタッフに触ってもらいます

かかりつけの動物病院に慣れるために、子犬を抱っこして連れて行きます。動物病院の環境に加えて、スタッフや獣医師に触られることにも慣らします。ワクチン接種の時に加えて、飼い主さんが外出する時に犬を連れて立ち寄り、接触を増やしましょう。

他の犬に慣らす時は慎重に！

犬同士のトラブルを防ぐために少しずつ慣らすことが大切です。飼い主さんたちが見守ってあげましょう。

子犬や穏やかな成犬に近づけましょう

散歩に行けるようになったら、いろいろな犬に慣らすトレーニングも始めましょう。最初は月齢が近い子犬や穏やかなタイプの成犬の方が慣れやすい傾向があります。相手の飼い主さんの許可を得てから、愛犬を少しずつ近づけます。トラブルを防ぐために、飼い主はリードをしっかり持ち、遊ばせる時にも目を離さないように注意しましょう。

犬には個性や相性があり、仲良くなれるとは限らない。危険なトラブルを防ぐために、飼い主同士で必ず注意して見守ること。

Q 柴犬の社会化で注意することは？

A 社会化のトレーニングは、犬が楽しめる範囲で行うことがとても重要です。柴犬はシャイな傾向があるので、怖がっている時に無理に慣らそうとした場合、逆に嫌な印象を強く持つ恐れがあります。特に社会化期以降の犬にトレーニングをする場合は、時間をかけて慎重に行うこと。極端に警戒心が強い犬は、しつけの専門家に相談しましょう。

社会化は犬と楽しみながら。怖がっている様子が見られたら無理に行わない。

Q ごほうびの種類とタイミングが難しいのですが……

A 社会化のトレーニングは、新しく覚えることに良い印象を持たせるためにごほうびを与えながら行います。食べ物やオモチャを活用しましょう。ごほうびを与えるタイミングは、犬が落ち着いていられた時です。興奮や恐怖などの過剰な反応をしている時に与えると、「そのような状況になればごほうびをもらえる」と犬が勘違いをしてしまいます。正しいタイミングで与えましょう。

暮らしを快適にするコツ 6

遊びについて

たくさん遊んで、しっかり食べて、たっぷり寝るのが子犬の仕事。遊びの大切さや遊ぶ際の注意点をご紹介しましょう。

生後6～7ヶ月までは骨折などに注意を！

生後6～7ヶ月までは骨や関節などが成長していく時期。この時に激しい運動をすると、関節近くの骨が成長している部分などを骨折しやすいもの。また、子犬は体重も軽く足の踏ん張りもきかないので、はしゃぎ回っているうちに段差がある所から落ちたり、滑って転ぶこともあります。子犬が遊ぶスペースは段差をなくしたり、カーペットを敷いて滑らない工夫をしましょう。また、与えるオモチャもかじっても安心な硬さや、誤飲の恐れのない物を選んで与えましょう。

生後7～8ヶ月くらいになると、だいぶ体もしっかりしてきます。人間にたとえるなら、中学生といったところ。この時期から運動量がぐんとアップします。運動が足りずに体力がありあまっていると、かじるなどのイタズラが増えるのもこの頃です。体力を発散させるために、散歩の途中で犬ＯＫの公園などに行き、ロングリードにつないでボール遊びをして思いっきり走らせてあげたり、休みの日にはドッグランなどに行くのもオススメです。

雨の日は散歩も短くなりがちですが、工夫次第でいろいろな遊びが楽しめるもの。カーペットを敷いた廊下でボール投げをしたり、飼い主さんの足の間を指示でくぐらせて遊んだり、部屋のいろんな所にオヤツを隠して〝宝探しごっこ〟をしてみるなど、室内でも体と頭を使った遊びを工夫してみましょう。

遊びにもしつけを上手に取り入れるのがオススメ。

“宝探し”は頭を使う楽しい遊び。
オヤツが入った紙コップはどれかな？

室内でできる遊び

散歩デビュー前の室内遊びは、子犬との
絆を深めるチャンス。
体に負担のかからない遊びで、
子犬の好奇心を満たしてあげましょう。

飼い主と遊ぶ

引っ張りっこ、触れ合い、かくれんぼ

オモチャを使った遊びはもちろん、かくれんぼや追いかけっこなども人気があります。遊び疲れた時に抱っこしてみるなど、楽しい時間の中に、柴犬が苦手なスキンシップなども取り入れてみましょう。

引っ張りっこの時は上につり上げずに、横にオモチャを移動させると犬の体に負担をかけない。

遊び疲れて落ち着いている時はスキンシップのチャンス。体のいろいろな所を優しく撫でてあげよう。

オモチャで遊ぶ

硬すぎるオモチャは与えないように

歯がしっかりしてくるのは６～７ヶ月頃。硬すぎるオモチャを与えて歯に強い力が入ると、歯がかけたり、歯並びに影響することも。30cm 程度の高さから落とした時に、ゴツンと音がするものは硬いオモチャの可能性があります。

綿が詰まっていたり、音が鳴るオモチャは、かじって中味を食べてしまうこともあるので、飼い主の目の届く範囲で遊ばせよう。

遊んでいる間にカーペットに爪をひっかけてケガをしないように、爪は短く切っておこう。

遊ぶ環境を整えましょう

室内で遊ぶ時は段差がなく、滑らない所で遊ぶのを基本にしましょう。また、散歩デビュー前の子犬は、遊んでいて興奮すると排泄をしてしまう可能性もあります。遊ぶ時にはトイレを近くに置いてあげて、もよおしたらいつでもすぐに排泄できるようにしておきましょう。

散歩デビュー後の遊び

散歩デビューも果たし、体力気力共に全開の時期を迎えます。運動欲求量がぐんと増えるので、飼い主さんも体力をつけて相手をしてあげましょう。

追いかけっこなどをしたい時に見られる「遊ぼ！」のポーズ。

柴犬本来の資質や興味から沸き起こる行動も育んで

散歩デビュー後の若い犬にとっては、目に入るいろいろなことが遊びにつながります。散歩中に飛んで来た葉っぱを追ったり、拾った木の枝を噛んだり、モグラの穴を発見して掘ってみたり。このように柴犬が本来持っている資質や興味から自然に沸き起こる行動も、飼い主との遊びと並行しながら育んであげたいもの。

また、犬同士で行う遊びも大好き。庭や貸し切りドッグランで犬がお尻を突き出すような「遊ぼ！」のポーズを見せたら、間合いを取りながら飼い主さんが追いかけたり、「だるまさんがころんだ」のような遊びをしてもとても喜びます。愛犬の好きな遊びを一緒に見つけてあげましょう。

ロングリードで大好きなボール遊び

犬 OK の公園でロングリードを装着し大好きなボールを追いかけたり、持って来たり。大好きな遊びはしつけのごほうびにもなります。

外でのしつけの練習も遊びの一環に

ぜひ取り入れたいのが外でのしつけ。家でできたことを今度は外で楽しく実践していき、どこでも何でもできる犬に育てましょう。

柴犬は穴掘りも大好きです

遊びとしてはかなりの体力を使うのが穴掘り。掘っても大丈夫な場所でたっぷりと遊ばせてあげると、好奇心も満たされます。

飼い主も一緒に走るのが嬉しい

飼い主さんが一緒に走ってくれると喜ぶ犬は多いもの。走るのも楽しい遊びの一つです。安全な場所で、思いっきり走ってみましょう。

外で遊ぶ注意点は?

公園などの公共の場で遊ぶ時には、犬連れOKなのかを確認し、他の人に迷惑をかけないことが基本です。

ノーリードは絶対にやめましょう

外で遊ぶ際は「犬が苦手な人もいる」ということを自覚して行動するようにしましょう。公園に入る際は、必ず犬連れOKかどうか確認し、犬連れOKでも小さい子供たちが遊んでいたりする場合は、別の公園に移動するなどの配慮も忘れないようにしたいもの。安全でなおかつ、人に迷惑をかけない場所で、犬を思いっきり遊ばせてあげましょう。

芝生の上を走るのが大好きな犬は多いもの。ただし、雨の降った後や、朝露や夜露がついた状態の芝生は滑りやすいので、遊ばせる際は乾いた芝生の上がオススメ。

Q ドッグランで注意することを教えて!

A ドッグランに行く場合はワクチンを接種済みであること、発情中ではないこと、などが条件になります。最近ではドッグランでの犬同士のトラブルも増えています。愛犬が「よその犬に対して好き嫌いが激しい」というタイプなら、仲の良い友達犬などと貸し切りドッグランで遊ぶ方がトラブルがなくて良いでしょう。無理に他の犬と遊ばせて、犬嫌いになる柴犬も多いのでご注意を。

空いている時間の利用や、友達犬と一緒に貸し切りドッグランに行くのも○!

Q 平日は忙しいので休日に車で遠出したくさん遊ばせたい

A 忙しくても、散歩の他に1日10分でもいいので、一緒に遊ぶ時間は作った方が良いでしょう。また、車で遠出して現地で思いっきり走らせたい場合は、いきなり激しい運動をさせるのではなく、まずは軽く歩いたりジョギングをするなど、ウォーミングアップをしてから。そして、帰る時にもクールダウンさせたりマッサージをしてから帰るように心がけましょう。

散歩について

散歩は柴犬にとって大きな楽しみ。また外で様々な経験を積むことはとても大切なこと。毎日、必ず行くように心がけましょう。

五感を刺激する散歩は柴犬にとって不可欠なもの

運動はもちろん、散歩には犬の社会化という要素も含まれます。外でよその人や犬に会ったり、道を走る車の音に慣れるなど、小さい頃から多くの経験を積むと、人間社会の様々なことに慣れ、落ち着いた犬に成長します。特に柴犬にとっては毎日の散歩は欠かせません。太陽の光を浴び、歩くことで骨や筋肉が育ちますし、においを嗅いだり、鳥などの小動物を見ることは、本来柴犬が持つ本能が研ぎすまされ、よい刺激にもなります。外での排泄が習慣づいてしまうと雨の日の散歩も不可欠になりますので、排泄は室内でもできるようにしておきましょう。

外での排泄後は、水でしっかり流す、便を持ち帰るなどマナーを必ず守ろう。

散歩中は犬の様子を見ながら、適宜休憩を取ること。特に夏場の散歩は水を必ず持って行き、こまめな水分補給を心がけて。

散歩デビューは必ずワクチンが全て終了してから！

子犬の時のワクチン（P153参照）がすべて終了するまでは、様々な病気に感染する可能性がありますので、地面に下ろしての散歩はNGです。この期間は室内で首輪やハーネス、リードを装着して上手に歩く練習をしたり、スリングやキャリーバッグに入れたり、抱っこをして外の環境に慣れさせる練習をしておきましょう。

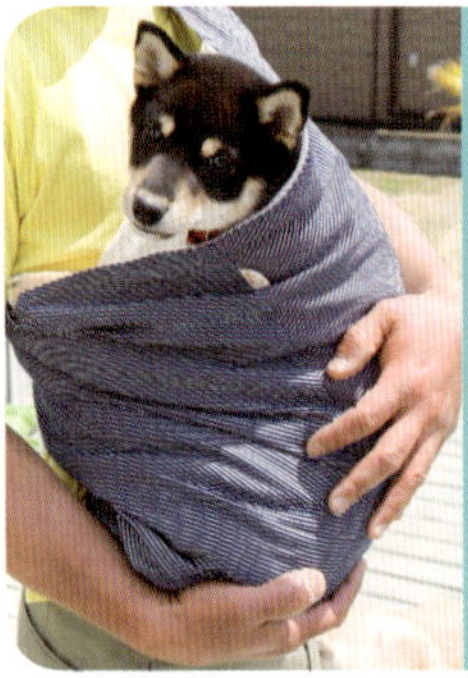

ワクチンが終わる前はスリングやキャリーバッグに入れて地面に下ろさずに散歩するのもオススメ。

回数・量

理想は1日2回、1回30分以上を目安に

毎日2回、1回につき30分以上は散歩の時間を設けましょう。どうしても時間が少ししか取れない場合は、出先でボール遊びなどを有効に取り入れて運動量を増やすなどの工夫を。忙しくても1日に1回は必ず散歩に連れて行くのが飼い主の務め。行けない場合は犬をよく知っている人に散歩を頼む方法もあります。

散歩が足りているかの目安は、帰宅後に犬がぐっすり眠っているかどうか。

持ち物

万が一のために財布や携帯も持参

ウンチ袋、ティッシュ、オシッコを流す水、そして飲み水は必需品。また、柴犬は散歩中に首輪が抜けるなどして脱走すると、なかなか捕まらないことがあります。万が一のために、連絡用の携帯電話、財布、犬を呼び戻すためのオモチャやオヤツ、予備のリードや首輪なども持参すると必ず役に立ちます。

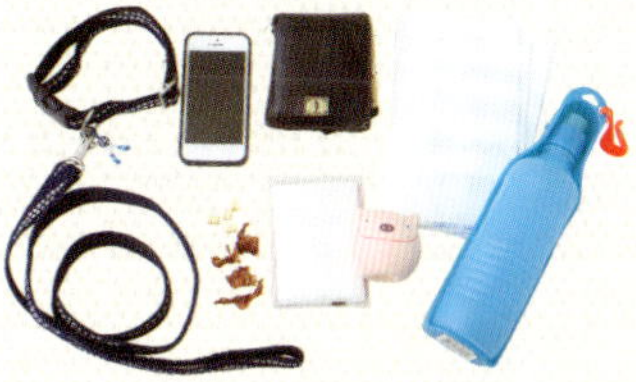

コース

コースには変化をつけるとなおよし

散歩のコースは毎日同じものではなく、時折変化をもたせてみましょう。砂利、土、ウッドチップ、芝生など様々な触感のコースを選んだり、時には少し遠出して川沿いのコースで一緒に水鳥を眺めるなど、バリエーションをつけてあげると犬の好奇心も十分満たされることでしょう。

砂地は足腰を鍛えるのにオススメ。でも海岸では貝殻などの破片にご注意を。

歩道を歩く時は他の歩行者の迷惑にならないよう、リードは短めに持って。

時間帯

夏場は早朝と夜に出かけましょう

毎日の散歩の時間をきっちり決めていると、その時間になって犬が吠えて要求するようになることもありますので、「大体このくらいの時間」と時間帯に幅を持たせ連れて行くのがオススメです。夏場の暑い時には、早朝や夜に行くなどして、熱中症にかからないよう注意しましょう。

夜の散歩では拾い食いや、後ろから来る自転車などに注意しよう。光る首輪などの装着もオススメ。

飼い主の希望する方向へ歩きたがらない犬を無理に引っ張ると、首輪やハーネスから体が抜けて逃げてしまうことがあるので要注意。

首輪・ハーネス・リードについて知っておきたいこと

散歩中での脱走が多い柴犬の場合は、首輪、ハーネス、リード選びはデザインよりも、安全性や機能性を重視しましょう。

リード

長さ、太さ、素材など様々なものがあります。用途に応じて使い分け、飼い主の手にフィットするものを選びましょう。

普段使いのリードの選び方と使い方

持ち方

利き手の親指にかけて写真のように握ります。リードは必ず小指側から流し、脇をしめリードを持った手を固定すると犬が可動範囲を自ら見つけ引っ張りも減ります。

長さなど

1m20～40cm前後で、幅は2～3cm。素材は柔軟に動かせて手にフィットするナイロン製のものがオススメ。

注意！

リードのナスカン部分はこまめにチェック。動きが鈍くなったら交換しましょう。

ロングリードや伸縮リードの使い方

ロングリード

広い場所でボール遊びをする時などに適しています。「モッテキテ」の練習をする時にも重宝します。

伸縮リード

扱いに慣れないとリードで手をケガしたり、犬や人の足にリードが絡まることも。最初は1人が犬の役になって、人間同士で練習してみましょう。

注意！

リードの付け替え時の脱走が多い！

公園などでロングリードに付け替える際に、犬を逃がしてしまうことも多いもの。付け替え時には、必ず先に二つのリードを装着した後に、不要な方を外すように習慣付けを。

首輪・ハーネス

首輪、ハーネス共に子犬には軽くて丈夫なものを選びましょう。両方装着できるようになるのが理想的。

首輪の種類

ハーフチョーク・布

ゆとりがあり引くとジャストサイズに締まるので首輪抜けがしにくいタイプ。可動部分が布でチェーンより軽いのが特徴。

ハーフチョーク・チェーン

可動部分がチェーンで、仕組みは布タイプと同じ。活発な犬向き。動く際にチェーンの音が気になる犬には不向きです。

パッチンタイプ

留め金部分はプラスチック。クイックリリースタイプとも言われます。着脱が簡単ですが、壊れやすいので1年ごとに買い替えましょう。

ベルトタイプ

穴に留め金をしてしっかり留められるので、正しく装着すれば外れることが少ないタイプ。年数が経つと劣化するので1年ごとに買い替えましょう。

万が一の時のために、首輪は室内でも装着しておきたい。ただし、ハーフチョークはチェーン部分に犬があごを挟んだりするので、散歩後は必ず外して。

ハーネスの種類

足入れタイプ

ハーネスの原型タイプ。着脱の際に必ず前足を通さなくてはならないので、日頃から体や足を触られることに慣らしておく必要があります。

ボックス型タイプ

サイズが細かく調整できるので体によくフィット。首輪と合わせて装着し、胸のリングと首輪のDカンを一緒にリードにつなぐと引っ張り防止に。

その他

前足を輪に通さなくても着脱できます。この他にも、ベストのような洋服が付いているもの、引っ張り防止のものなどいろいろなタイプがあります。

胴輪とも呼ばれるハーネスは、首に負担をかけないのでシニア犬にもオススメ。ただし着脱する時に慣れていないと手間どることも。

装着時の注意点

［首輪］

見た目は苦しそうだが、柴犬は毛が深いのでこのくらいが首抜けしないジャストサイズ。

首輪を写真のように前の方に引っ張ってみて、耳の後ろで首輪が止まるのがベスト。

［ハーネス］

首輪と同様に、ハーネスを引っ張って犬の体が抜けてしまわないかを入念にチェック。

胴輪と犬の体の間に指を入れてみて、指が2本入る位が体が抜けないジャストサイズ。

散歩から帰ってしておきたいこと

健康な体を保つため、ブラッシングや体を拭くことはとても大切です。
室内飼い、外飼いどちらの場合も、しっかりお手入れしてあげましょう。

毎回しっかりとタオルで体を拭いてあげれば、被毛もつややかに保てる。

草むらで遊んだりにおいを嗅いだ時は特に注意を

帰宅後に必ず行いたいのが体拭きとブラッシングです。犬はいろいろな場所のにおいを嗅いだり、草の中に分け入ったりすることがあります。体には植物の実やノミ、ダニが付着していることもあります。帰宅後は毛で覆われていないお腹の部分に虫さされなどがないかもチェックしましょう。

特に顔の周辺には寄生虫の卵が付くこともありますので、マズルの部分はウェットティッシュなどで丁寧に拭くのがオススメ。体全体をしっかり拭き、こまめなブラッシングを心がけましょう。

また、帰宅後に目が充血していたり、耳を盛んに気にするようなら動物病院へ。目を草で傷つけたか、耳に何かが入った可能性があります。何が落ちているか確認しにくいので、散歩の際は草むらには入らない方が無難です。

➡ 散歩後のお手入れのポイント

足を拭くのを嫌がる時は…

室内飼いでの足拭きは必須事項。でもどうしてもできない時は、玄関や廊下にタオルを敷いて、犬にそこを歩いてもらうことから始めてみよう。

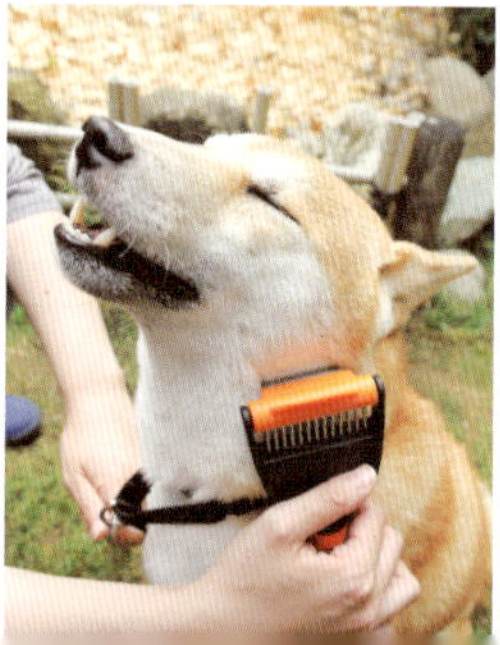

ブラッシングは必ず自宅で！

抜け毛が舞うブラッシングは必ず自宅で。自宅以外で行うのはマナー違反。

散歩中に起こるトラブルは？

好き嫌いの好みがはっきりしている犬は、よその犬との関わりに注意しましょう。

犬同士のケンカにならないような配慮を

レトリーバー系などの比較的誰にでも愛想が良い洋犬とは違い、柴犬は好き嫌いがはっきりしている傾向があります。散歩中に突然知らない犬が寄って来ると、うなって威嚇するケースも多いもの。犬同士のケンカで飼い主が間に入って止めようとすると、興奮した犬に噛まれることもあるので、トラブルの気配を感じたら、散歩コースを変えるなどの配慮も忘れずに。

オスメスに限らず気に入らない犬にうなったり、戦闘モードに入ることが。見知らぬ犬が挨拶しようと寄って来たら「うちの犬はよその犬が苦手で」とあらかじめ断ってトラブルを回避しよう。

Q 散歩中に首輪が壊れ犬が逃げてしまったら…

A 首輪やハーネス、リードは飼い主と愛犬との命綱。安全確認をしていても、散歩中に突然首輪が壊れる、リードのナスカンが外れる、といったトラブルが起こる可能性があります。万が一、首輪が壊れて犬が何も身につけない状態になったら、緊急処置としてリードで輪を作り、オヤツなどで誘導しながら、その輪に犬の顔を通して即席の首輪にします。このようなことを防ぐため、首輪を二重に装着することも検討してみましょう。

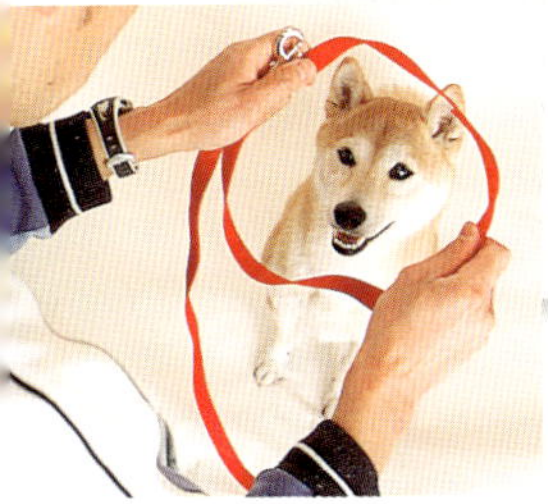

ナスカンをリードの持ち手の輪の中に通すと、伸縮可能な首輪として代用できる。

Q 排泄は外でのみ。台風の日も散歩に行くべき？

A 散歩の時にしか排泄しないのであれば、残念ながら荒天の日でも外に連れて行って排泄をしてもらうしかありません。実際に台風の日でも排泄のためだけに愛犬の散歩をする柴犬の飼い主さんは多いもの。しかしシニア犬になる将来を考えれば、室内でも排泄できるようにしておくことはとても大切です。小さい頃からの室内排泄を、ずっと習慣にしていきましょう。

ほめて楽しく育てる基本のしつけ

怒ったり罰を与えるのではなく、失敗や危険な行動を予防し、ほめることに重点を置きながら良い行動を教えていくのがしつけの基本。ここでは毎日の暮らしに役立つしつけを紹介していきます。

飼い主と犬が毎日楽しい気持ちで行えることが大切

家に来たばかりの子犬は、どこに何があるのか、どんなことをしたら危険なのかなど、その家のルールについてはわかりません。

やってほしくないことをさせないためには、きちんと環境を整備してよい行動を教え、うまくできたらオヤツやオモチャなどのごほうびをあげてほめる、ということを基本としましょう。

しつけは毎日行うのが理想的なので、飼い主と犬が楽しい気持ちでトレーニングできることがとても大切です。

「ほめられると良いことがある」と犬が学習して、室内で練習したことが上手にできるようになったら、庭やお気に入りの公園でやってみる。また、落ち着いている時にできたら、遊びの最中や散歩に行く時の少し興奮している際に練習してみるなど、徐々にステップアップしていくと良いでしょう。

犬にとってのごほうびもいろいろ

何がごほうびになるのか見極めるのも大切です！

大好きなオモチャやボールで遊ぶことや、散歩に行くことがごほうびになることも。

遊び

オヤツ

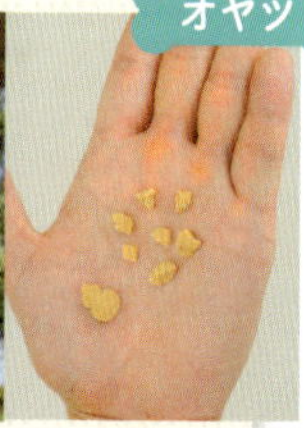

オヤツをごほうびにする場合は、小さく切って使用します。ゴハンが好きな犬の場合はドライフードをごほうびがわりにしても OK。

「グッド」「いいコ」「よし」などの決まったほめ言葉のあとにごほうびを与えると効果的。最終的にほめ言葉だけで犬を楽しくさせることができれば、トレーニング時のオヤツの量を減らすことができる。

柴犬のしつけで知っておきたい大切なこと

柴犬が嫌がることを事前に知っておくこともしつけの重要なポイントです。

柴犬の特性を理解した上で無理せず、行いましょう

柴犬はもともと猟犬として活躍しながら、外で飼われてきた犬です。その気質を今も受け継ぎ、プードルやレトリーバー系の洋犬とは違い、飼い主にベタベタ甘えるよりは、相手とある程度距離を置いて過ごしたい、という気持ちが強い犬種ともいえます。そのため、他の犬種では「体を触ってほめる」ことが、柴犬の場合は〝ごほうび〟にならず、逆に〝嫌なこと〟として捉えてしまったり、また、体を拭くなどのお手入れの時にうなったり、噛んでくる、という行動もよく見られるものです。飼い主が体を触ることができないと、お手入れはもちろん、具合が悪くなって動物病院へ連れて行く時に抱っこができず、犬にも人にもストレスがかかってしまいます。

また、食べ物やオモチャ、いつも自分が寝ている場所などに飼い主が近付くとうなったり、噛みつくなどの〝守る〟行動も他の犬種に比べると多く見られるのが特徴です。

このコーナーでは、柴犬が嫌がらない触り方をはじめ、犬を落ち着かせるために役立つ「オスワリ」「フセ」「マテ」などの基本のしつけ、そして、〝守る〟行動を示した時に役立つ「ダシテ」「ドイテ」といった、柴犬が身につけておくと必ず役立つしつけの方法をご紹介。毎日無理なく練習してみましょう。

アイコンタクトを教えましょう

「名前を呼んだら、飼い主の目を見る」アイコンタクトはしつけの基本です。家に来たその日から、愛犬の名前を呼ぶ時に練習して、信頼関係を深めていきましょう。

犬の名前を呼んで、飼い主の目を見たら、ごほうびをあげてほめてあげよう。犬が状況判断に困った際、飼い主の指示を仰ぐために自然に目を見るようになる。

触り方のコツ

触った時に体がこわばっていないか

犬の様子を見ながら、触っていて体が固まるようなら無理をせず触るのはやめましょう。逆に力が抜けてリラックスしているようなら気持ちいいと思っている証拠。触られて嫌がる所も、ごほうびを上手に使いながら徐々に慣らしていきましょう。

触ってみて喜ぶ所、嫌がる所をみつけましょう

最初は長めのガムなどを手に持ち、それを食べさせながら、もう片方の手の甲で優しく犬のあごの下を触ってみます。

あごの下を触っても犬が嫌がらないようなら、今度は背中の部分を毛並みに沿って優しく撫でるように触ります。

リラックスした状態の時に、首の付け根あたりを優しく触ってみましょう。首輪やリードを付ける時によく触る所です。

お手入れでよく触る足は付け根から少しずつ足先へ向かって触ってみます。嫌がるようなら無理強いせず慣らすことを考えて。

指の動きが気になる柴犬も多いので触れられることに慣れるまでは手の甲を使いましょう。

触られて嫌がる場合は少しずつ慣らしていきましょう

コングなどにオヤツを詰め、犬が食べようと夢中になっている時に触るのもオススメです。

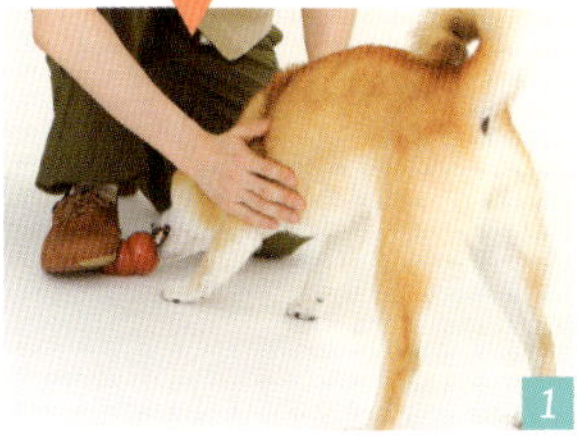

長めのガムやオヤツを詰めたコングを足でおさえながら、犬が夢中で食べようとしている間に、嫌がる場所を触ります。

食べている間は触っても大丈夫な状態になったら、今度はごほうびのオヤツをあげる前に苦手な所を触ってみましょう。

オスワリ

オスワリは犬にとっても自然な動きの一つ。とりやすい姿勢なので飼い主も教えやすく、また様々な場面で役立つ指示です。教える際には「犬が座ったらほめておしまい」ではなく、飼い主が「動いていいよ」と指示を出すまで、座っていられることを目指して練習しましょう。

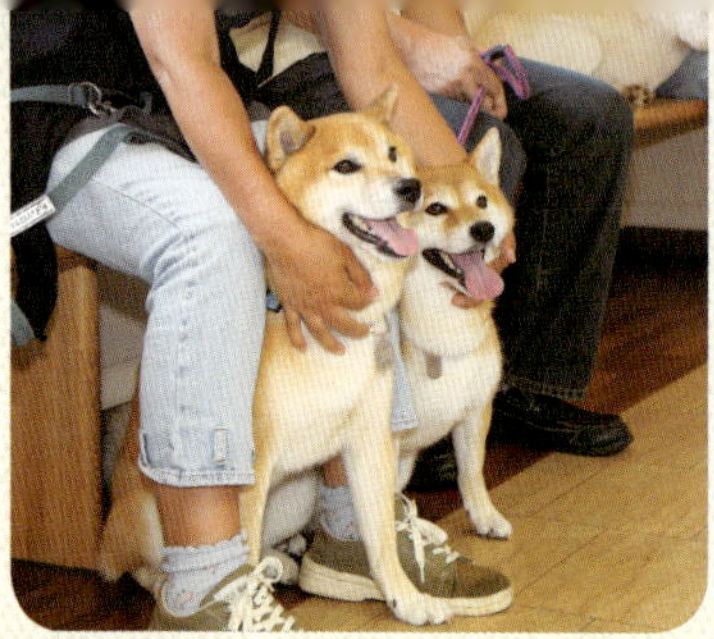

オスワリはこんな時に役立つ!

信号待ちや動物病院での待合室での場面、また、人や犬と出会った時の飛びつき防止など、様々な場面で使えます。

1

小さくしたオヤツを手の中に握り、手首を下に向け、その手を犬の鼻先に持っていき、犬の注意をひきつけます。

2

オヤツを握った手を、そのまま犬の鼻先を上に向けるように移動させ、犬のお尻が自然と地面につくようにします。

3

犬が座ったら、ほめてオヤツをあげることを繰り返し、手の誘導で座れるように練習します。

4

「オスワリ」と言葉をかけてから、手の合図を出し、言葉と合図が一致するように教えていきます。

手の位置が下がりすぎても NG

手の位置が下がりすぎても、犬が立ってごほうびを食べてしまうので気をつけましょう。

誘導する手は高く挙げすぎない

手の位置が高いと犬が立ち上がってしまうことに。手はお尻が地面につく状態の高さに保ちましょう。

POINT

オヤツの握り方

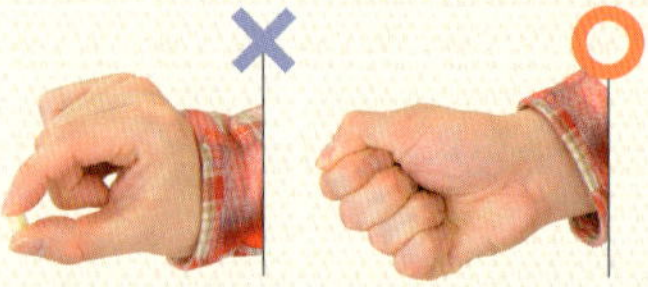

ごほうびは犬から見えないように握りこんでおきます。指でつまんでいると、犬は食べ物を見てしまうので、ごほうびがない時には座らなくなってしまいます。

フセ

フセを教える際、オスワリの姿勢からフセに誘導してしまうことが多いもの。しかしそうすると「オスワリの後はフセ」と、飼い主が指示を出す前に勝手に犬がフセるようになり、オスワリの状態がキープできないことも。立ったまま、一からフセを教えていきましょう。

フセはこんな時に役立つ!

少し長い時間、犬を待たせるのに活用できるフセ。走ったり遊んだ後、ゆっくり休ませたい時にも有効な指示。

1

小さくしたオヤツを手の中に握り、その手を立っている犬の鼻先に持っていき、犬の注意をひきつけます。

2

犬の注意をひきつけたまま、オヤツを持った手を、犬の鼻先が下がるようにゆっくりと動かしていきます。

3

犬の頭が自然に下がり、腰と前足も地面につくまで、犬の鼻先を下げるようにさらに真下に手を下げていきます。

4

犬の腰が落ちて、両前足の肘の部分が地面についたらごほうびをあげてほめます。できるようになったら、言葉と手の合図でフセさせましょう。

オスワリからは誘導しないこと

オスワリと連動して覚えてしまうと、オスワリだけしてほしい時でも、すぐフセてしまうことに。

手を床につけるとお尻が上がる

手が床につくと、犬の前足だけが床についてしまうポーズをとりやすくなるので注意しましょう。

POINT

なかなかフセない犬の場合には

足や手でトンネルを作り、その下をくぐるように誘導し、徐々にトンネルを低くします。

途中で立ち上がりやすい犬には

犬が立ち上がりそうな場合は、前足の間にオヤツを置くとフセている時間が稼げます。

マテ

散歩に出かける際の靴を履いている間や、外で排泄物を拾っている最中など、犬がその場から勝手に動いたり飛び出すのを防ぐのにとても役立つのがマテの指示です。オスワリやフセが言葉と手の合図でしっかりできてから教えましょう。

拾い食いの阻止などとっさの時に使えるよ!

オスワリの状態から

指示を出す手にオヤツは持たず、反対側の手の中に何粒か握るようにして練習しましょう。

1

「オスワリ」と言葉をかけ、手の合図を出して、まずは犬にオスワリをさせます。

2

犬が指示を守って座ったら、あらかじめ決めておいたマテの手の合図を出します。

3

合図を出したらすぐに、握っていたオヤツを合図を出した方の手に持ち替えて、与えます。

4

犬が飼い主を見たらマテの合図を出しほめてオヤツを与え、犬がまた見上げたら「OK」で指示を解除。

フセの状態から

オヤツの持ち方はオスワリの状態から行う時と同様に。飼い主はしゃがむなど低い姿勢で行います。

1

飼い主がしゃがみ、フセの言葉と手の合図で犬がフセたら、すぐにマテの手の合図を出します。

2

右の3の手順と同様にオヤツを取り、犬の前足の間に置いて与え、犬が見上げたら「OK」で解除します。

3

1～2ができたら、飼い主が立った状態でフセの指示を。犬がフセたら、マテの手の合図を出します。

4

オヤツを2と同様に与え、犬が立ち上がるようなら、何度か続けて素早くオヤツを与えて練習します。

オイデ

ドッグランなどでの呼び戻しをはじめ、万が一首輪が抜けて脱走した際にも、オイデの指示で戻って来た犬を確保して首輪などが装着できれば、犬の命を守ることができます。戻って来るだけではなく「戻って来た犬の体を触る」までがオイデだということを犬に教えましょう。

脱走が多い柴犬には必須のコマンド！ぜひマスターして

ステップ 1

呼ばれて戻ってきた際に、首輪やリードが装着できる飼い主の足の間がゴールになるよう練習します。

1 イスに浅く座り両足を広げ、オヤツを握り込んだ手を少し離れた所にいる犬の方へ差し出し誘います。

2 犬が来るまで誘導し、足の間でオヤツを与えますが、最初のうちは犬の体には触らないようにします。

3 慣れてきたら犬の体をそっと触り、おとなしくしていたら握っていたオヤツを食べさせます。

ステップ 2

首輪を掴むタイミングが早すぎると、犬が警戒して呼んでも来なくなってしまいますので気をつけて。

1 オヤツはポケットなどに入れておき、手の合図で犬が近付いてくるのを待ちます。

2 犬が来たらまず体に触り、首輪に手をかけ、ゆっくりと触るようにしましょう。

3 首輪を触った後にポケットなどからオヤツを取り出して犬に与えましょう。

いろいろなパターンで練習しましょう

オイデの言葉の合図で飼い主の所に戻ると、いいことがあると教えます。

食器を持ち、オイデの指示で犬が来たら、ゴハンを与えます。

好きなオモチャを持ち、オイデで犬が戻って来たら一緒に遊びます。

安全な場所で長いリードにつなぎ、犬が走っている時に練習します。

ダシテ

柴犬は一度くわえた物を放したがらず、飼い主が取ろうとすると嫌がることも。誤飲や拾い食いなど、いざという時に犬の口から取り出せるような予防の練習をしておきましょう。最初はくわえたオモチャやボールなどを放してもらうような練習から始めます。

くわえたものを
放してほしい時に
必ず役立つ

対策編

今くわえている物よりも、さらに好きなものと交換して放してもらうやりかたです。

1 犬が大好きな少し大きめなガムなどを、人が手に持ちながら犬に与えましょう。

2 しばらくしたら、ガムよりもさらに大好きなオヤツを手に握り、ガムと交換します。

3 ガムを放したらオヤツを与えてしっかりほめます。スムーズに交換できるように練習しましょう。

予防編

楽しい遊びの時間に犬の習性を上手に利用しながら「放す」ことを教えます。

1 飼い主がつかみやすいような、ある程度長さのあるオモチャで引っ張りっこなどをして遊びます。

2 犬が遊びに集中したらオモチャの動きを止めます。動きが止まることで興味を失い、口から放すようになります。

3 犬がオモチャを放したら、手に持っていたオヤツを素早く与え、「ダシテ」などの言葉をかけます。

POINT

別のオモチャを投げる

いざという時、別のオモチャを用意して投げ、それを追わせて、くわえているオモチャを口から放させる方法もあります。

注意！

寄り道はさせないこと

持ってくる前に犬が途中で一人遊びをしないよう、オモチャは短い距離に投げましょう。

ドイテ

お気に入りのソファに座っている犬をどかそうとすると、うなったり吠えられたり……。〝場所を守る〟ことも多い柴犬に教えておくと便利なしつけです。ただし、一番大切なのは守らせない状況を作ること。無理にやめさせようとすると、余計守るようになるので注意しましょう。

場所を守る
タイプの犬は
ぜひ練習を

対策編

すでに守っている犬の場合は、いきなり近くに行くと攻撃される場合があるので注意して行いましょう。

犬がいる場所から遠い位置で、オヤツを持ちながら犬を呼んでベッドなどから離れさせます。

犬がベッドから降りて飼い主に近付いて来たら、持っていたオヤツをあげて犬をほめます。

呼んでも来ない犬の場合は、オヤツをベッドから離れた床にまいて誘導しましょう。

POINT

守る犬には無理強いしない、ドイテやノッテは早い時期から教える、といったことを心がけて対処していきましょう。

予防編

最初はオヤツなどを使いながら「ドイテ」や「ノッテ」を教えておくと良いでしょう。

オヤツを握った手を犬の前に出し、「ドイテ」と言葉をかけながら、犬をベッドなどの外へ誘導します。

ベッドから降りたら、誘導していた手に握っていたオヤツをあげて犬をほめます。

オヤツを持った手を犬の前に出し、今度は犬がベッドの上に乗るように誘導します。

「ノッテ」の言葉をかけながら、犬がベッドの上に乗ったら、オヤツをあげてほめます。

クレートに入る

ぜひマスターしておきたいのがハウストレーニング。クレートは犬連れ旅行や入院時、また災害時の同行避難の際にも役立ちます。普段からハウスとして使用すれば、そこが「安心できる場所」と認識するので、移動の際、犬に余計なストレスをかけずに済むのも便利です。

1

クレートを半分に分解し、下の部分だけを用意します。オヤツを持った手で犬を中に誘導します。

2

犬が中に入ったら持っていたオヤツをあげ、これを1週間ほど繰り返します。

3

犬が慣れてきたら屋根部分を取り付け、クレートの奥の方からオヤツを中に入れ、犬を中に誘導します。

4

中に入れたオヤツにつられて、犬が自ら進んでクレートの中に入るのを待ちます。

5

中に入った犬がクレートの中でUターンした所で、さらにオヤツをあげます。これを1～2週間続けます。

6

中に入るのに慣れてきたら、今度は扉をつけ、扉を開け放した状態で中に入る練習を繰り返します。

7

6 に慣れてきたら扉を閉めた状態で犬にオヤツをあげ、すぐに出します。徐々に閉める時間を増やします。

POINT

犬に良い印象を与えましょう

慣れてきたら中でゴハンを食べるなど、クレートに対し良い印象を持たせることも大切。

警戒心の強い犬は、上半分が取り外せるタイプがオススメ。時間をかけて練習しましょう。

ケージに入る

犬のハウスや、トイレのしつけにも役立つケージ。クレートは〝狭く囲まれて外が見えないのが怖い〟と感じる場合はケージで練習してみましょう。ただ、床以外が金属の網で覆われているので、金属の音に敏感な犬には向かないことも。愛犬の好みに合わせて使いましょう。

1

扉を閉めた状態で、犬の目の前でケージの中にオヤツをいくつかまきます。

2

中に入れたオヤツに犬が興味を持ったら、ケージの中に入れるように扉を開けます。

3

扉は開けたままにしておき、ケージの中のオヤツをそのまま犬に食べさせます。

この時点では扉は閉めずに、犬がケージへ自由に出入りできるようにして何回か繰り返します。

4

慣れてきたら、中でオヤツを食べている間に扉を閉めます。最初は短時間にして徐々に時間を伸ばします。

5

ケージに良い印象を持たせるために、毎日のゴハンもケージの中であげるようにして慣らします。

ハウスとして使う場合は、犬が寝る時に布などをかぶせてあげるのもオススメです。

犬にとって安心できる場所を作ってあげましょう

動物病院へ行く時にだけクレートに入れる、といったことを繰り返していると、クレートやケージを嫌がるようになり、いざという時に入らなくなってしまいます。犬にとって安心できる場所があれば、来客時などでもハウスの中で落ち着いて過ごせるもの。犬を迎えたらぜひ日常的にハウストレーニングを行いましょう。

慣れるとけっこう快適な場所だよ♪

COLUMN

移動は車だけとは
限らないよ

バスや電車に乗る練習もしておこう

戸を閉めたキャリーやクレートの中で確実に
おとなしく過ごせるようになったら、
短い距離から乗り始めて徐々に慣らしましょう。

最初は路線バスで練習し、徐々に移動距離を長くします

愛犬の体調が急変。でも車を運転する人がいない時などは、他の乗り物で移動することになるので、普段からバスや電車などに乗る練習をしておくと何かと便利です。公共の乗り物に愛犬と一緒に乗る際は、キャリーやクレートの中にいることに慣らすことはもちろん、吠え、排泄などのトレーニング、その他外での様々な刺激を受け入れることができるように練習しておきます。これらがクリアできたら、電車やバスで短い距離を試してみて、大丈夫なら徐々に距離を長くしていきましょう。

特にオススメなのが路線バス。まずはキャリーなどに愛犬を入れて散歩に出かけ、公園などを1周して帰りに路線バスに乗ります。バスは近所を走り停留所の区間も短いので、万が一「乗ったけれど犬が吠えた、吐いた」という時はすぐに降りることができますし、降りてからも自宅まで歩いて帰ることができます。短い区間が大丈夫なようなら、徐々に乗る距離をのばしていきます。ただし、練習する場合は朝や夕方の混雑する時間帯を避けることはもちろん、犬が苦手な人や犬アレルギーの人が乗っている可能性もありますので、事前にシャンプーやブラッシングをして余分な毛を落としておく、抜け毛が多い場合は洋服を着せる、トイレは必ず済ませておく、といった配慮をお忘れなく。

路線バスで慣れたら、次は電車に乗り近場の公園などへ一緒に行き、現地で楽しく過ごして帰路も電車に乗ります。出かけた先で必ず楽しい経験をさせ、それを繰り返しながら、徐々に長い距離を乗るように慣らしていけば、帰省時などの長距離移動の際にも愛犬の心と体へかかる負担を軽減できます。

公共の交通機関を利用する場合はバッグやクレートに入っていて、かつフタがきちんと閉められ、犬の体の一部が出ていないことが絶対条件。乗る前は各交通機関のペットに関する規定を調べておこう。

5

暮らしの中の ありがち困った

噛む、吠える、留守中のイタズラや、柴犬によく見られる
「守る」行動などの対策法です。

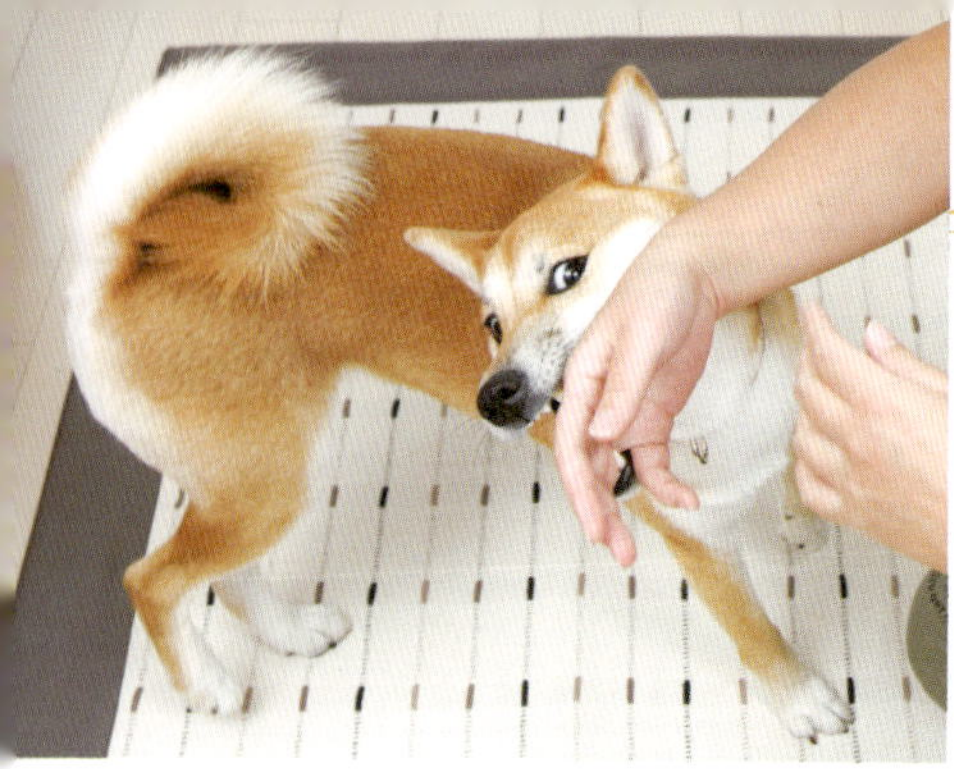

噛む力の加減を教える！

噛む

犬は口を使っていろいろな動作をします。
噛むことは自然な行動ですが、人に歯を
当てないコミュニケーション方法を教えましょう。

犬に噛みつきの抑制を教えて甘噛みをやめさせましょう

犬は人が手を使う動作の多くを口で行います。噛むことには、触る、遊ぶ、調べる、抵抗する、などの目的があります。特に生後半年頃までは、母犬やきょうだい犬に噛みつき、じゃれ合って遊びます。「甘噛み」と呼ばれるもので攻撃的な意図はありませんが、乳歯は永久歯に比べて細く鋭いため、子犬のあごの力でも相手の皮膚に刺さります。強く噛みすぎた時には叱られ、時には悲鳴を上げられ、他者に対しての噛む力の加減を学びます。攻撃力を持つ永久歯に生え変わり、あごの力が強くなっていく生後半年頃には、他者への噛みつきの抑制を身につけます。

しかし、母犬やきょうだい犬と早く離れた犬は、噛む力の加減を学んでいないので、歯が強く当たることがあります。飼い主さんが噛みつきの抑制と、歯を当てないコミュニケーションを教えましょう。

成長とともに収まる場合もありますが、噛む力が強くなっていく前に対処した方が飼い主さんの痛みも少なく、他者を傷つける心配も減ります。人は母犬と同じような叱り方をすることが難しいので、犬が理解しやすい適切な方法で行います。噛みつきの抑制は、できれば生後半年頃までの、早めの段階で教えることが大切です。

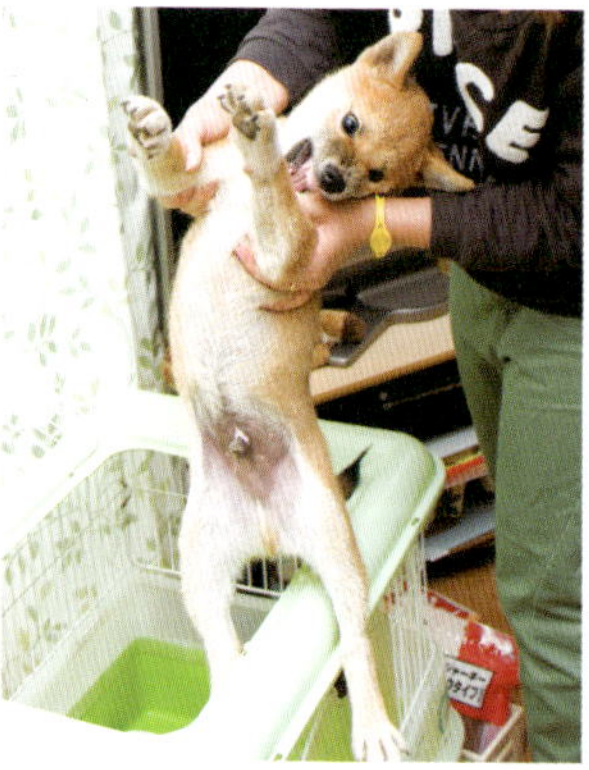

“甘噛み”が“本気噛み”になってしまう前に、適切な対処法で「噛むことはいけない」ということを犬に教えよう。

甘噛みの予防と対策

噛みつきの抑制を教えるためには、日常生活の工夫で予防し、甘噛みをさせない対策を行うことが大切です。適切な方法で行いましょう。

噛みつきの抑制を教えて楽しく遊びます

かじっても壊れない安全なオモチャを与え、噛む欲求を満たしてあげましょう。遊ぶ時は犬が飽きないようにオモチャを交換します。

噛まれたら声を上げます

甘噛みをされた時には、犬に聞こえるように「痛い」と声を出して伝え、犬が驚いて噛む動きを止めるようにします。

噛んだら楽しいことは終わりにします

犬が噛んだら無視してその場を立ち去り、噛むと楽しいこと（人との触れ合い）が終わると教えます。甘噛みのたびにこれを繰り返します。

犬の目の前で手を動かさないこと

犬は動くものを反射的に追うので、手をひらひらと動かすことは避けます。手をオモチャがわりにして遊ばせないようにしましょう。

噛まれやすい時にはひと工夫を

お手入れに慣れていない犬は抵抗して甘噛みをすることも。遊びや運動で体力を発散させた後やガムを噛ませている間に行います。

注意！

鼻先をつかんで叱らないこと

犬の鼻先などをつかんで叱ると、犬は新たな遊びだと勘違いしてさらに歯を当てたり、逆に人の手に嫌な印象を持ち、攻撃的に噛むようになる可能性もあるので気をつけましょう。

※撮影ではごほうびを持ちながら、犬にストレスを与えないように行っていますので、真似をしないでください。

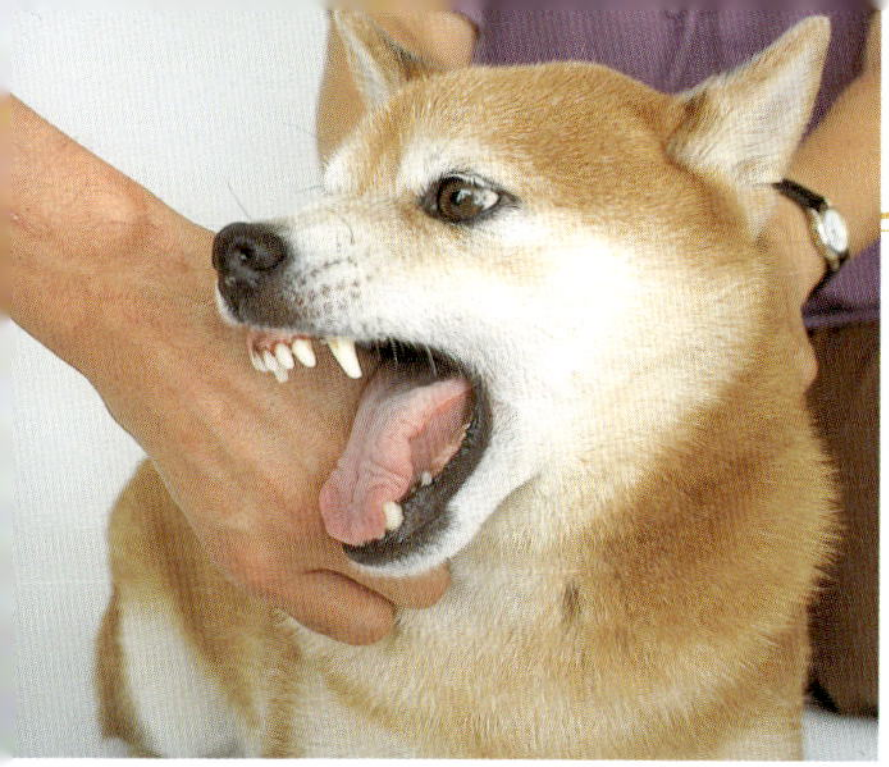

誤った対応を避けて予防する！

本気で噛んでくる

誤った対処は犬の攻撃性を引き出す危険があります。愛犬の様子を見て怖いと思ったら、専門家に相談しましょう。

犬に緊張や恐怖を感じている様子が見られたら、要注意

「甘噛みではなく、本気で噛んできているようで怖い……」と飼い主さんが感じる場合や、噛む際に犬が緊張や恐怖を感じている様子が見られたら、注意が必要です。犬が人を噛む経験を多く積まない早い段階で、専門家に相談することを視野に入れましょう。

　犬が噛んでくるのにも「怖い」、「嫌だ」など、いろいろな理由があるもの。まずは愛犬が「どんな時に、どのように噛んでくるのか」ということを飼い主さんが把握することから始め、その次に「噛ませない、噛まれない」状況を作ることが大切です。

　甘噛みをやめさせるための対処を誤った場合や、日常生活やトレーニングで体罰を行った結果、犬の攻撃性を引き出してしまうこともあります。誤った対応は飼い主さんに対する信頼を大きく損なうため、適切な対応を心がけましょう。

　近年の研究により、柴犬は興奮した時、とっさに攻撃的に見える行動が出やすいことがわかりました。柴犬が反射的にうなる、吠える、噛むなどの動作をしても、攻撃的な意図があるとは限らないことも覚えておきたいもの。柴犬という犬種の特徴を理解したうえで、攻撃性を引き出すことなく、良好な関係を築いていきましょう。

「うちの犬噛むかも……」と気づいた場合は、犬が人を噛む経験を積まないよう、「噛ませない、噛まれない」工夫が必要だ。

かじる

犬はかじりたい欲求が強い動物なので、
かじるためのオモチャを与えて欲求を満たすことが
大切。安全のために環境も整えましょう。

犬のかじる欲求を満たして生活環境を整えましょう

　好奇心旺盛な子犬はいろいろな物をかじって遊びます。犬にとっては家具、カーペット、携帯電話など、目に入るものは興味をひかれる楽しいオモチャ。犬が物をかじる行為はごく自然なこと。かじることができない場合は人への甘噛みで欲求を解消しようとする場合もあるため、かじるオモチャを与え、大切な物はかじられないように環境を整えることも必要です。

　かじるためのオモチャは、ひとりで遊ぶ物と、飼い主さんと遊ぶ物を用意。ひとりで遊ぶ物は、コングなどの知育オモチャや、食べても安全なガムなど、かじってもすぐに壊れないような、丈夫で大きい物を選びます。ただ、破片が出る物は飲み込む恐れがあるので避けること。

　飼い主さんと遊ぶ物は、引っ張りっこができるようなロープ型のオモチャなどがオススメ。犬が飽きないように2〜3種類ほど用意し、様子を見ながらオモチャを変えて遊びます。また、遊び終えたら犬が届かない所に片づけることも大切です。

● 苦味スプレーをかけます

かじられたくない物には、市販の苦い味がするスプレーをかけておきます。

● 柵やガードを設置します

かじられたくない物がある所へ犬が行けないように、柵やガードを設置します。

● かじるオモチャで遊びます

オモチャは用途に分けて数種類用意。犬が飽きないよう1日に4〜5回交換を。

排泄の瞬間に素早く片づける！

食糞

食糞をする子犬は多いもの。慌てず、騒がず、
排泄のタイミングを逃さずに
素早く片づけて対処しましょう。

食糞がいつまでも続く場合は動物病院で相談してみましょう

かわいい子犬がウンチを食べていたら、飼い主さんは驚くかもしれません。この行動は食糞と呼ばれ、多くの子犬に見られます。ただ、ほとんどの場合は成長とともに自然に収まっていくものです。

食糞の主な理由には、「ウンチにドッグフード（食べ物）のにおいが残っている」「未消化の食べ物がある」「飼い主に注目してもらえるから」「留守番が長くて退屈だし空腹だったから」「お腹の寄生虫に栄養を吸収されて空腹を感じ食べてしまう」などがあります。食糞がいつまでも続くようなら、一度動物病院に相談した方が安心でしょう。

基本の食糞対策は排泄した直後に片づけること。もしも現在、愛犬の食糞に困っている場合は、まず犬が排泄を始めた時に鼻先にごほうびを差し出して気をひきます。そのままごほうびで誘導して犬をトイレから遠ざけ、素早く片づけましょう。犬に気づかれた場合、次から急いで食べるようになる可能性があるので注意しましょう。また、大げさに騒ぐと、犬は「食糞をすれば注目してもらえる」と思うので、片づけは淡々とした態度で行います。留守番の時間が長い家庭は、連休や長期休暇の時に集中して取り組むといいでしょう。

食糞は成長すれば収まることが多いが、早めにやめさせたいもの。留守番の時間が長い場合は家族で対策を考えよう。

普段から口の中に手を入れられるように練習を

拾い食い

散歩中に落ちている物を食べたり、床や地面に落ちた物をとっさに食べてしまった時に、飼い主がするべきことを紹介しましょう。

飼い主さんの散歩の管理と取り出す練習で対処します

散歩の際の拾い食いは、飼い主さんを悩ませる行動のひとつです。しかし、犬は自分が見つけたものを食べることが悪いとは思っていません。人と共生を始めた犬の祖先は、残飯やゴミを食べるようになり、肉食から雑食へと変わっていきました。そのため腐敗臭は犬にとっておいしい食べ物のにおいでもあるわけです。

また、中にはタバコの吸い殻などの危険な物を食べる犬もいます。柴犬は他の小型犬に比べると散歩の時間が長めで、外暮らしの犬も多いので、周辺のにおいに敏感で拾い食いをしやすい傾向があります。

犬が拾い食いしそうな物が落ちていない場所（飲食店の周辺、子供が集まる公園などは食べ物の残りが落ちていることもあるので要注意）を選んで歩くなど、散歩コースや犬の様子にも気を配り、拾い食いをしそうになったらリードを引き上げて止めます。

それと並行して、日常から犬の口を触る練習をしておき、とっさの時に口から物を取り出せるようにしておくといいでしょう。

タバコの吸い殻などの危険な物を口にした場合は、緊急措置としてごほうびとなるオヤツと交換する方法もあります。拾い食いをした時に叱って取り上げると、犬は大切な食べ物を奪われたと思い、次から急いで飲み込むようになる場合もありますので注意しましょう。

日頃から犬の口を触る練習をしておきましょう。犬歯の後ろに親指と人差し指を入れ、口が開いたらごほうびを中へ入れたりして、口を触ることに良い印象をもってもらいましょう。

インターホンに慣れる練習をする！

吠える

警戒心が強い傾向がある柴犬はインターホンなどに反応して吠えやすいので、音に慣れる練習と印象を変える工夫をしましょう。

インターホンを楽しい合図に変えていきます

柴犬は優位性の主張が強く、警戒心が強めです。特にインターホンの音は、お客さんや配達員（犬は不審者と思っていることも）がやってくる合図になるため、警戒して吠えやすくなります。柴犬の吠えは意図が明確である場合が多く、飼い主が来客を迎える様子や、配達員が立ち去る様子を見て、落ち着く傾向があります。吠え続けることは少なめですが、集合住宅などの住環境によってはインターホンが鳴るたびに吠えると周囲に迷惑をかけることにもなりますので気をつけましょう。

基本の対処法は、インターホンが鳴ったらごほうびを与えること。インターホンの音を、不審者ではなくごほうびの合図に変えます。また、犬が反応して吠えなくなるまでインターホンを何度も鳴らす方法もあります。他に、吠える行動と両立しないことを指示する方法も有効です。例えば、インターホンが鳴ったら「モッテコイ」でオモチャを捜索させてくわえさせます。「マテ」が上手にできる犬であれば、インターホンが鳴ったら「マテ」と指示を出して、犬が吠えずにマテができたらごほうびを与えましょう。

いろいろな対処法があるため、愛犬や住環境に合わせて行いましょう。

音が鳴ったら「モッテコイ」をさせる。犬の気をひけるようにオモチャを投げても。

「マテ」が得意な犬は、指示で落ち着いて待たせる方法も有効だ。

音に反応して吠える

吠える前のサインが見られたら気をそらす工夫をする。吠えには理由があるので叱るのはNG。

犬が吠える前に出すサインを観察して予防に役立てます

風の音やドアが揺れる音を警戒して吠える犬もいます。また、消防車のサイレンなどに反応して遠吠えをすることも。多少の吠えはやむを得ないので許容してあげたいもの。もし迷惑行為になるほど頻繁に吠える場合は、頻度を少なくするために工夫しましょう。

犬は吠える前にいろいろなサインを出します。例えば、耳を動かす、特定の方向を見つめる、など。これらが見られた時に、テーブルを軽く叩く、名前を呼ぶ、などの工夫で犬の気をひきます。犬が吠えなかった時にごほうびを与えましょう。繰り返すことで物音への吠えは少なくなっていきます。

動きに反応して吠える

動きに反応して吠える時は、犬を興奮させないように注意しよう。

吠える対象を出す前に犬を別室に移動しましょう

掃除機やモップの動きに反応して吠える場合は、それぞれの理由に合わせた対処法を行いましょう。

不審な物に対して警戒で吠えている場合は、犬を別室やサークルに移動させてから掃除をしましょう。掃除機を常に犬の目につく場所に置いて慣らす方法も有効です。

また、遊びたい気持ちで興奮して吠えている場合は、掃除機のスイッチをオフにして少しだけ動かす→吠えなければごほうびを与える→吠えたら「マテ」の指示を出す→そして落ち着いたらごほうびを与えます。慣れたら掃除機のスイッチを入れて動かしましょう。

拾い食いや交通事故にもつながりかねない

散歩中の引っ張り

散歩中にリードを引っ張る行動は、思いがけない事故の危険があります。犬が自ら引っ張ることをやめるように誘導して対処しましょう。

引っ張らなければいいことがあると教えて直していきます

散歩の時にリードを引っ張って歩く行動は、拾い食いや交通事故などの危険を伴うことがありますので、飼い主さんがしっかりと犬をコントロールしていきたいもの。犬が引っ張る理由は、〝引っ張ったらいいことがあった〟というシンプルな学習の積み重ねです。犬の個性によって、次に紹介する2つのタイプに大きく分けられます。愛犬に合わせた対処を行いましょう。

まずは周囲の物に反応しやすく、いろいろと探索するタイプ。柴犬には比較的多く見られます。引っ張ったら行きたい方に行けた、興味がある物に近づけた、などの学習を重ねた結果です。落ち着いて歩くことを教えるためには、散歩の前にたくさん遊び、体力を発散させておく方法が有効です。散歩中には、犬が引っ張ったら進行方法を変える練習をしましょう。犬が引っ張った時には立ち止まり、自主的にやめたらごほうびを見せて進行方向と反対の方へ誘導し、反対を向いたらごほうびを与えてそのまま進みます。

次は、怖がりで苦手な物から逃げたいタイプ。例えば、引っ張ったら嫌な物から逃げることができた、などの学習が考えられます。社会化（P60参照）の不足が考えられるので、怖がらずに歩けるように、ごほうびで誘導しながら練習しましょう。

エネルギーが有り余っている犬は散歩の時に興奮して引っ張りがち。出かける前の運動で体力を発散させておく。

他者への挨拶は飼い主さんの許可制に！

人への飛びつき

他人に飛びついて洋服を汚してしまったり、転倒させてしまうことのないように、落ち着いて挨拶ができるように教えましょう。

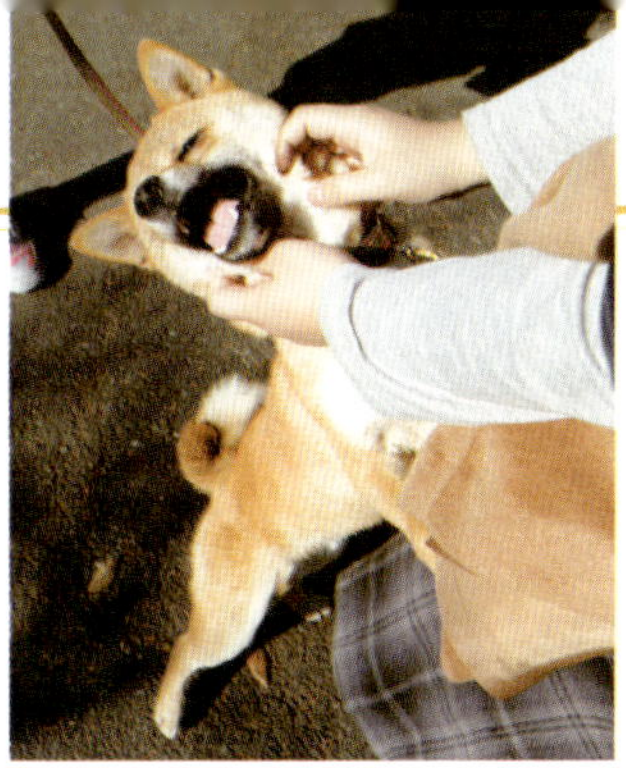

人への挨拶は飼い主さんの〝許可制〟にすると効果的です

好奇心旺盛な子犬やフレンドリーな犬は、うれしくて人に飛びつくことがありますが、犬が苦手な人は〝怖い〟と感じることもあるかもしれません。また、成犬の柴犬が飛びついた場合、人が転倒してケガをする可能性もありますし、その人が犬好きでも、服やバッグを汚してしまえば迷惑をかけることに。ただ、「人が好き！」という犬のフレンドリーな性質は長所でもありますので、そこは伸ばしてあげたいもの。上手に挨拶ができるよう、飼い主さんの工夫でマナーを身につけさせましょう。

　そこで、人への挨拶は飼い主さんの許可制にする方法がオススメです。とはいえ、まずは人に会っても飛びつかせない工夫をします。具体的には、人が寄ってきたら軽くリードを踏んで犬を固定し、物理的に飛びつかせないようにします。次に「マテ」をしっかり教えること。この両方を組み合わせて上手にできるようになったら、すごく興奮する時はリードを踏む、落ち着けそうなら「マテ」をさせるなど、使い分けていくようにしましょう。他者への挨拶は飼い主さんの許可制であることを犬に教えるため、挨拶は毎回ではなく時々行うようにし、飼い主さんは挨拶する時としない時を状況に応じて判断しましょう。

犬が落ち着けそうな状態なら、「オスワリ」や「マテ」の指示を出そう。

柴犬によく見られる行動だけに、予防策はしっかりと！

守る

群れで暮らしていた犬の祖先は、他者に所有権を主張して守っていました。その習性が現れないように予防策を習慣にしましょう。

所有物を守る習性があるため早期から予防策を行います

犬には大切な物や場所を守る習性があります。犬の祖先は群れで暮らしていたため、所有権を主張して他者から守る必要がありました。特に柴犬は遺伝子などが犬の祖先に近く、その習性を強く受け継いでいると考えられています。普段は聞き分けが良くても、何かの拍子で物や場所を守るために、警戒や威嚇をすることがあるので、守らせない予防策が重要です。ここでは、主に食べ物、物（オモチャなど）、場所（お気に入りのソファや自分のハウスなど）、人（飼い主）への予防法を紹介します。

まず、食べ物を守らせないためには、人の手が〝奪うものではなく、おいしい物を与えてくれるもの〟だと教えます。人が食器を持った状態で主食（ドッグフードなど）を少しだけ入れ、犬に食べさせ、犬が慣れてきたら、食器にフードを入れてから人が手ですくって食べさせ、途中で他のおいしいごほうびを足します。これらを習慣にするといいでしょう。

物を守らせないためには、「チョウダイ」を教えます。例えば、オモチャで引っ張りっこ遊びをしている途中で、飼い主さんの体の近くにオモチャを固定します。オモチャをくわえた状態の犬の横にごほうびを握った手を出して待ち、犬がオモチャを放し

柴犬は“守る行動”が多い犬種。人がハウスを掃除する時や食器を下げる時に、それらを守るために反射的に噛むことも。

場所を守る

お気に入りの場所を守る犬には「ドイテ」と「ノッテ」を教えます。指示で移動させます。

物を守る

オモチャや食器が犬にとって宝物になっている場合も。人に渡す「チョウダイ」を教えましょう。

食べ物を守る

人の手に好印象を持たせ、奪う物ではなく、おいしい物を与える物だと認識させます。

たらごほうびを与えることを繰り返します。犬が慣れてきたら、オモチャを放した瞬間に「チョウダイ」と指示を言ってからオモチャを高く上げ、犬が落ち着いていたらごほうびとして遊びを再開します。

場所を守らせないためには、「ドイテ」（P85参照）と「ノッテ」という指示を教えます。「ノッテ」の教え方は、ごほうびを持った手で犬をソファなどに誘導して、犬が乗ったらごほうびを与えます。犬が慣れてきたら、手のしぐさで誘導してから「ノッテ」と指示を出し、誘導していない方の手でごほうびを与えます。

人（飼い主）を守らせないためには、他者が近づいてきたらいいことがあると教えます。犬が飼い主さんのすぐ近くにいる時に、家族以外の人から犬にごほうびを与えてもらいましょう。

すでに守る行動が見られて、攻撃的な様子であれば、専門家に相談しましょう。

床に落ちた物を拾う時に噛まれることもあるので要注意!

飼い主さんには普段見慣れた物でも、犬にとってはそれらが“大切な宝物”になる可能性も。うっかり床にペンを落として拾おうとした時に噛まれた、というケースも柴犬にはよくあります。「うちのコは守るタイプかも」と思ったら、物が床や地面に落ちた時、犬をよく観察してから行動しましょう。

注意!

テーブルやイスの下に物を落として噛まれることもあるので注意を!

留守番の前に体力を発散させてあげよう

留守番中のイタズラ

柴犬は自立心が強い方なので、1匹で過ごすことには慣れやすい傾向があります。しかし、イタズラには注意が必要です。

不安と退屈を感じない工夫と環境を整えることが大切です

犬は留守番の間に、いろいろなイタズラをすることがあります。例えば、トイレシーツを破る、サークルやケージから脱走する、ゴミ箱をあさる、危険な物を誤飲する、などです。なぜイタズラをするのか、まずはその理由を考えましょう。

犬は人の身近なところで暮らしてきたので、他者と触れ合っていたい欲求があります。留守番に慣れていない犬は、ひとりぼっちの不安感を解消するためにイタズラをすることもあります。

柴犬は猟犬や番犬として自立して働いてきた犬なので、留守番の練習をすれば不安感はかなり抑えられます。しかし、中には退屈しのぎの娯楽としてイタズラをする犬もいます。上手に留守番ができるようにするためには、1匹でも不安と退屈を感じさせない工夫や、イタズラができない環境を整えることが大切です。

特に留守番に慣れていない子犬の場合は、飼い主さんが外出の支度をするだけでも不安を感じることもあります。そんな時は支度すること自体が留守番の合図にならないように、用意ができたら犬と遊ぶ、といったことを繰り返します。

それから、外出や帰宅の際にはさりげなく振る舞う、人の声がすると落ち着く場合

留守番中は犬がひとり遊びをしても安全な知育オモチャを活用しよう。破損するオモチャは避ける。

イタズラにもいろいろある！

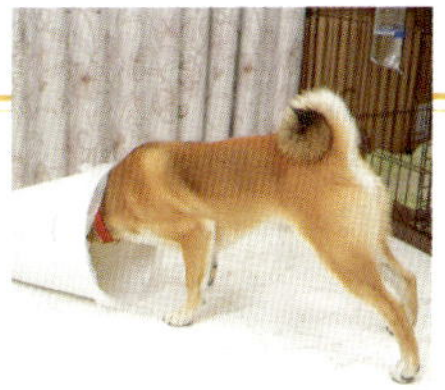

ゴミ箱もイタズラの恰好の対象に。フタ付きの物にするなど、管理を徹底しましょう。

観葉植物は犬が中毒を起こす成分を含むもの。化学肥料にも注意が必要です。

格子状のサークルは子犬でも登ってしまうことがあるので、屋根をつけるなどの工夫を。

は、テレビやラジオをつけておく、ケージやサークルの中に犬が夢中になれるコングなどの知育オモチャを入れておく、といったこともオススメです。

また、できれば出かける前に散歩へ行き、犬の好きなボール遊びなどでたっぷり遊び、体力を発散させておいてあげましょう。そうすれば心地よい疲れと満足感で、留守番中はイタズラをするまでもなく、ぐっすり眠って過ごすことができます。

さらに留守番中は犬が快適に過ごせて、かつ、イタズラができない環境を整えるために、犬の生活スペースを見直します。サークルで過ごしている場合は、「居住スペースについて（P42）」を参考にしましょう。屋根のないサークルから脱走（格子状のサークルは、子犬でも登ってしまうことが！）することもありますので要注意。部屋で自由に過ごしている場合は、犬が届く範囲に大切な物や危険な物を置かないようにします。留守番の時間がお互いに安心できるようにしましょう。

忙しくて長時間留守番をさせてしまう場合の対処法

共働きの家庭の場合、仕事が忙しい時期には犬に10時間以上留守番をさせたり、十分な運動をさせてあげられないことも。そんな時は、自宅に来て散歩などを手伝ってくれる、親戚や友人、信頼できるペットシッターにお世話を頼むことも視野に入れましょう。

犬の心身を満足させるためには散歩や遊びが効果的。留守番前に体力を十分に発散すれば、心地よく眠ってくれるはず。

興奮状態の時には無視をする!

マウンティング

犬が腰を振るマウンティングは自然な行動。
しかし、嫌がっている他者には迷惑行為になるので、
抑制できるようにしておきましょう。

マウンティングは犬の性別や年齢を問わずに見られる行為

人の足やクッションなどにしがみついて腰を振るしぐさを、マウンティングといいます。動物の交配のような体勢ですが、性的な意味だけとは限りません。

マウンティングの主な理由は、遊びの一貫のじゃれ合い、オスの本能による性行動、などです。遊びが目的のマウンティングは、犬の性別や年齢を問わず見られます。自然な行動ではありますが、嫌がる他者へのマウンティングは迷惑行為になるので止めましょう。他の犬にマウンティングをした場合、相手が受け入れなければケンカに発展することもあります。また、相手が未避妊のメスであれば望まない妊娠をさせてしまうかもしれません。

やめさせるためには、犬の過剰な興奮を落ち着かせるように対処します。散歩の時にマウンティングを始めたら、リードを短く持って落ち着くまで待ちます。室内であれば、マウンティングしてきたら人は淡々と素早く別室に移動します。声を上げず視線も向けず、完全に無視することがポイントです。繰り返せば犬はやがて自主的に落ち着くようになります。やめさせたい場合は、同じ行為を犬に繰り返しさせないことが大切です。

マウンティングに対して騒ぐと、犬の興奮を助長することに。やめさせる場合は淡々と別室へ移動する。

個性を尊重して慎重に教える!

抱っこが嫌

猟犬や番犬として働いてきた柴犬は、
他者と距離を置く傾向が。
いざという時に必要な抱っこは慎重に教えましょう。

人への接触に慣らしてから抱っこの練習を始めましょう

柴犬は昔から猟犬や番犬として働いていた犬種です。家族の一員として身近な存在になり、室内で暮らすようになったのは近年のこと。それまでは人に密着することは求められなかったので、現在の柴犬にも他者と距離を置く傾向が残っています。そのため過剰な接触を好まず、抱っこを嫌がる柴犬は多いもの。犬種の個性を尊重することも大切ですが、ケガをした時やシニア犬になった時に、抱っこしなければならない機会はたくさん出てきます。子犬の頃から抱っこの練習を始めましょう。

犬は他者が覆いかぶさると怖がることがあります。抱っこの練習をする時には、犬の正面からではなく、横に並んだ状態で行った方が無難です。子犬の場合はとっておきのごほうびを手に握っておき、犬を抱き上げてからごほうびを与えます。抱っこされた時にはいいことがあると教えましょう。抱っこに慣れていない成犬やシニア犬の場合は、触られることに慣らす練習から慎重に始めましょう。犬の横に並んで胸とお腹にそれぞれ手を添えてからごほうびを与えます。犬が慣れてきたら、首とお腹の下に手を回してゆっくり抱っこします。接触を極端に嫌がる犬はしつけの専門家に相談しましょう。

あらかじめごほうびを手に握っておき、抱き上げたら犬が抵抗する前にごほうびを与えることが成功のポイント。

COLUMN

こんな行動が見られたら…

はむはむ…

愛犬の不思議な行動や癖は、もしかしたら
病気のサインかもしれません。
柴犬によく見られる行動の理由を知っておきましょう。

癖のような行動に病気が隠れていることもあります

動物は不思議な行動を癖のように続けることがあります。柴犬によく見られるのが、前足を舐める、体を噛む、尾を追って回ったり噛む、などの行動です。これらの行動が頻繁に見られる場合は、ストレスを解消する目的で行われている可能性があります。愛犬に癖になっている行動がある場合は、注意して見ておきましょう。

行動を始めるきっかけがわかっていて、しばらくして自主的にやめるなら、ストレス解消の一貫であったり、単に体がかゆいだけかもしれないので問題はないでしょう。もしくは、飼い主さんの呼びかけに反応してやめるのも同様です。しかし、前足や体を舐める行動が続く場合は、皮膚疾患の可能性もありますので、動物病院で相談をしましょう。

また、行動を始めるきっかけがわからず、頻繁に行っては自主的になかなかやめない場合、常同障害という病気の疑いもあります。体や脳に疾患がある可能性もあるため、行動治療の専門獣医師に相談しながら検査をし、その上で愛犬との関係や生活環境を見直す必要があります。

近年の研究により、柴犬は他の犬種に比べて尾を追う犬がとても多いことがわかりました。この尾を追う行動は生後２ヶ月程度の子犬でも行うため、遺伝や血統が原因である可能性が高まっています。常同障害として尾を追う場合、重症の犬は尾を出血するほど噛んだり、噛みちぎることもあります。

人と同じように犬にも癖があります。その中には病気がひそんでいる行動もあるため、心配な様子が見られたら早めに行動治療科を受診しましょう。

柴犬は〝尾追い行動〟が多く見られる犬種。尾が傷つくほど噛んだりする場合は、専門獣医師に相談しよう。

6

知っておきたい お手入れのこと

ブラッシング、シャンプー、散歩の後の体拭きや、
歯磨き、耳掃除まで、お手入れ全般を紹介。

柴犬の毛について

毛は自然の変化をキャッチして自ら体温調節を図ります。健康をキープするためにピカピカの毛を維持しましょう。

大事な皮膚を保護する重要な役割を担っています

柴犬の毛はダブルコートといって、上毛と下毛が生えている二重構造になっています。毛にはクッションとなり、ケガなどから皮膚を保護する大切な役割があります。上毛は雨や雪をはじき、下毛は水分の浸透を防いでくれるだけでなく、紫外線などを吸収し、皮膚まで届かないよう保護もしてくれるのです。また、毛の間に空気を含み、断熱材として体温調節の役目を果たしてくれます。

毛は一定の周期で発育と脱毛を繰り返し、春と秋に換毛します。この換毛システムは、毛の機能を最大限に活かすために起こる生理的な現象で、日差しや気温の変化が影響していると言われています。しかし、生活スタイルやリズム、環境の変化から、季節感が希薄になり、日照時間や温度がコントロールされてしまい、換毛期のサイクルが乱れてしまったり、生え換わりの時期がなく、一年中抜け続けている場合などもあります。

換毛期の様子

犬の毛は日照時間と気温の変化を察知する

日が長く、暖かくなってくる３月頃から冬毛が抜け始め、春から夏にかけて密度が少ない少し粗めの夏毛に。そして、日が短く、気温が下がってくる秋頃に夏毛が抜け始め、その下からアンダーコートの発達した、寒さから身を守るためのフワフワの冬毛が生えます。

日頃のお手入れで被毛をベストな状態にキープ

従来の換毛期からズレが生じていても心配は不要です。1年中少しずつ毛が抜けたり、夏や冬に換毛期を迎えても、日頃のお手入れとしてブラッシングやシャンプーをこまめにして、肌の状態をよく観察することが大切です。本来抜けるべき毛を抜いてあげないと、毛が絡まったり、皮膚が蒸れたり、汚れが溜まり、細菌感染を起こしやすくなってしまいます。

犬の換毛は一部の毛が一気に抜けるのではなく、モザイク状に少しずつ抜けていきます。お手入れの際に、毛をかき分けて、脱毛などの皮膚の異常を発見したら、早めに動物病院で受診することをオススメします。

シングルコート代表

プードル

パピヨン

ヨークシャー・テリア

主に温暖地で育種改良された犬種や愛玩を目的とした犬種は、毛の長短は関係なく、冬の寒さから体温を維持するための被毛をあまり必要としなかったので、被毛はほぼ一重構造。換毛期でも通常と変わらない程度の抜け毛です。

ダブルコート代表

柴犬

コーギー

ポメラニアン

被毛が二重構造になっているダブルコートの犬種は、主に寒冷地で育種改良され、四季がはっきりしている日本の風土で育った日本犬もこの種類に属します。秋には下毛が生え、春には下毛が抜ける換毛期のサイクルを繰り返します。

ダブルコートの構造

ひとつの毛穴から硬い上毛と柔らかい下毛が生えています

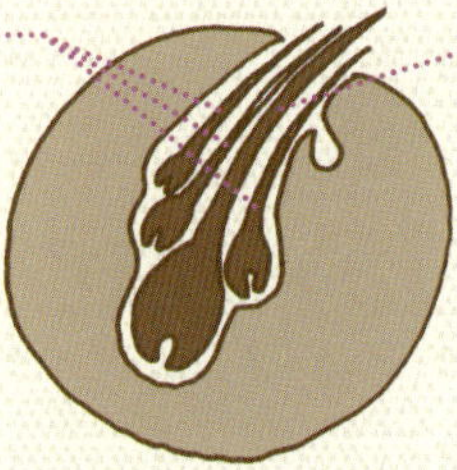

下毛

上毛の周辺に下毛、アンダーコートと呼ばれる二次毛が、同じ毛穴から7～15本ほど生えています。フワフワした細く柔らかい下毛が換毛期に生えたり、抜けたりします。

上毛

上毛、トップコートと呼ばれる一次毛はひとつの毛穴から太くしっかりした毛が2～5本生えています。何本の毛が生えているかは体の大きさによって個体差があります。

ブラッシングについて

健康な被毛を保つにはブラッシングは必要不可欠。快適な毎日を過ごすために、ぜひ、習慣化してください！

新鮮な空気を毛の間に取り入れてあげましょう！

犬は被毛により温度調節をしているため、余分な毛があると、その効力が損なわれてしまいます。特に換毛期には念入りにブラシをかけてあげるといいでしょう。さらに、愛犬と触れ合うことで皮膚病の予防や早期発見にもつながります。

様々なタイプのブラシの中から用途によって使い分けて、優しく丁寧にとかしてあげましょう。

ブラッシングの基本

気持ちよく始まり、気持ちよく終わらせるために。

無理強いせずに、短時間で終了します

ブラッシング嫌いにさせないために、時間をかけるのは厳禁。コームを被毛に当てて毛が付かなくなったら終了します。

楽しい！とインプットさせます

ブラッシングは怖くない、気持ちいいと思ってもらえるように、ほめたり、ごほうびをあげることも忘れずに。

毛穴を開いて毛を抜けやすくします

泥などの汚れを落としたら、蒸しタオルで全身を拭いた後、タオルで全身を包み込みます。

各ブラシの特徴

除毛ブラシ

バリカンのような刃で抜ける下毛だけを除去します。皮膚を傷つけないように注意しましょう。

ラバーブラシ

柔らかいゴム製なので抜け毛を取るのと同時に、高いマッサージ効果が得られるブラシ。

獣毛ブラシ

毛が柔らかく安全に使用できます。ただし、獣毛部分に毛やゴミが溜まりやすいので清潔を保ちます。

コーム

細かいクシ目と粗いクシ目が両方付いたタイプが多く、毛の流れに沿って仕上げに使うのに最適。

ピンブラシ

先端が丸くなっているので、被毛や皮膚への負担が少なく、フケやほこりなどを除去するのに便利。

スリッカー

「く」の字に曲がったピンを植え込んだブラシで、毛が大量に取れます。力を入れず使用します。

ブラッシングのやり方

● 用意するもの
ブラシ各種

顔や首

体を支えて危険を回避

顔はあごの下を手で支えて獣毛ブラシで優しくブラッシングします。首まわりは、あごを支えながら、毛並に沿ってブラシを入れます。

背中まわり

適度な力の入れ具合が重要

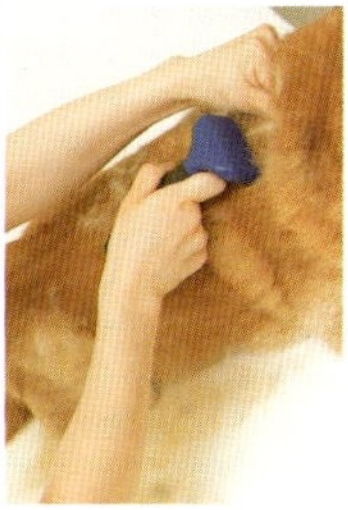

毛をかき分けながら除毛ブラシやスリッカーを軽く持ち、毛の流れに沿ってブラシをかけます。

耳まわり

ケガや事故に要注意

耳の下は親指と人差指で軽く耳を挟んでコームを使います。耳の裏は 4 本の指で耳を押さえて根元から先端方向へブラシをかけます。

お尻まわり

痛い思いをさせないように

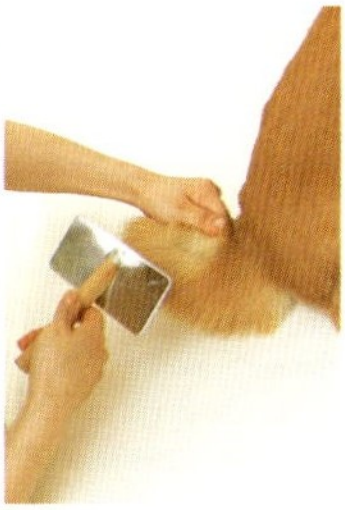

肛門とメス犬の陰部は、親指でガード。睾丸は手で覆います。デリケートな部分なので慎重に行います。

お腹まわり

優しく、ササッと

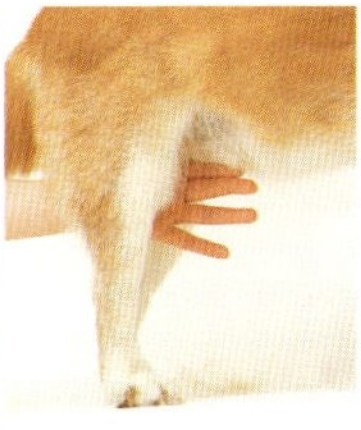

後ろ足の間から手を入れて犬が座らないようにします。お腹まわりは毛が薄いので、獣毛ブラシやラバーブラシで軽くとかす程度に。

足まわり

優しく、撫でるように

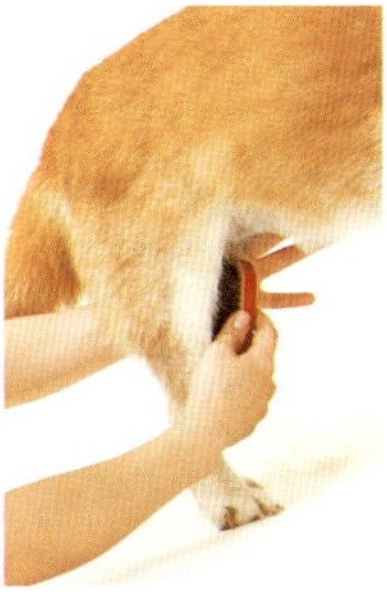

毛が薄いため、細いタイプのラバーブラシや獣毛ブラシを使います。足の内側は、足の間から手を入れて体を支えます。また、関節部分も強く手で握ったりしないよう注意しましょう。

シャンプーについて

水嫌いの柴犬にとってシャンプーはなかなか手強いお手入れのひとつ。日頃から習慣化して、スムーズに行いましょう。

楽しいバスタイムでいつも清潔を保ちたい!

皮膚や被毛を健康に保つことができるシャンプーは日常のお手入れとして欠かすことができません。また、皮膚病治療の一環としても予防や改善につながります。

犬の皮膚はデリケートなので、犬の皮膚の状態に合ったシャンプー剤を選び、被毛を洗うのではなく、皮膚を洗うことを念頭に、泡立てるよりも、擦り込む、もみ洗う要領で皮膚の内部に浸透させるようにしましょう。

しかし、無理強いは禁物。押さえつけたり、いきなり水を浴びせたりせずに、少しずつ慣らしてあげることが大切です。ごほうびを与えながら、楽しいとインプットさせてあげましょう。

● シャンプーの前に

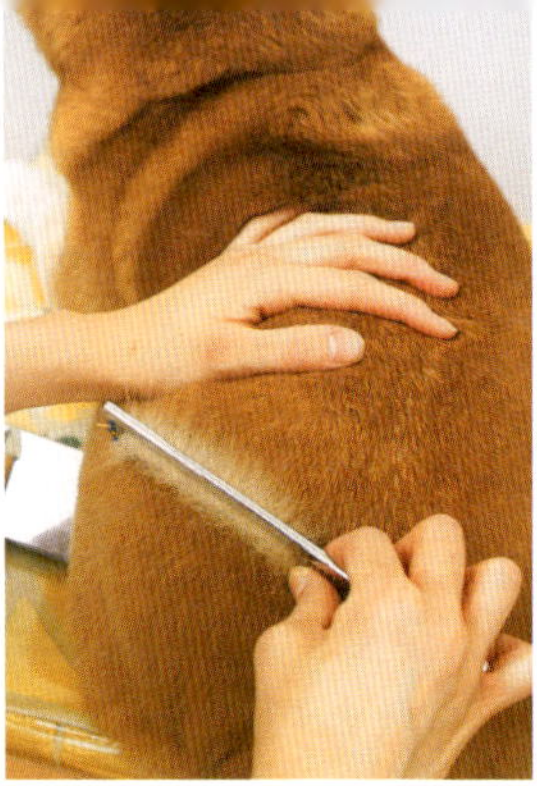

毛のもつれやフケなどを取り除くためにスリッカーを使い毛の流れに沿ってとかしたら、両面コームの粗い面で毛を整え、細かい面で無駄毛を除去します。

● 肛門腺絞りって何?

日頃のお手入れで病気予防をしましょう

肛門嚢は肛門の左右にあるにおい袋で、袋の中に溜まった分泌物を排出させずに放置しておくと腫れや痛みなどの症状が現れる、肛門嚢炎を発症する可能性があります。お尻を気にして舐めていたら溜まっている合図です。肛門腺絞りは1ヶ月に1回を目安にシャンプー時に行うといいでしょう。

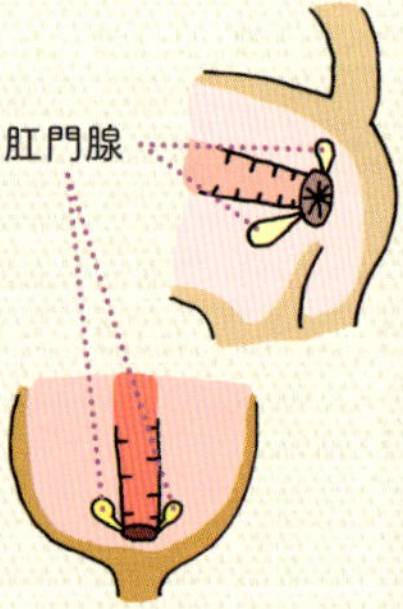

肛門を軽く揉んでから、肛門の下方4時と8時の位置にある肛門腺を、親指と人差し指で挟んでつまみ、指で押さえた所を下から上に押し上げるようにして絞り出す。

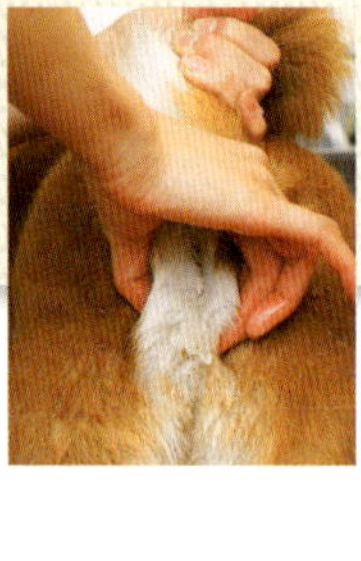

シャンプーの流れ

● 用意するもの／
シャンプー、タオル、ドライヤー、スポンジ

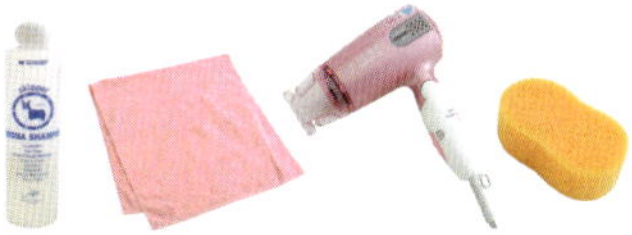

① 体をお湯で濡らします

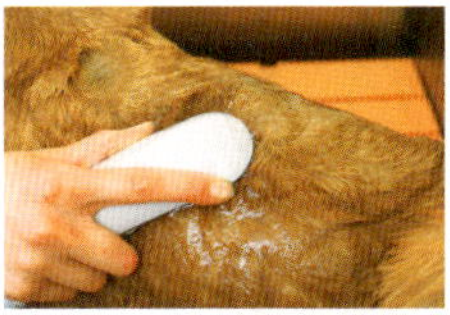

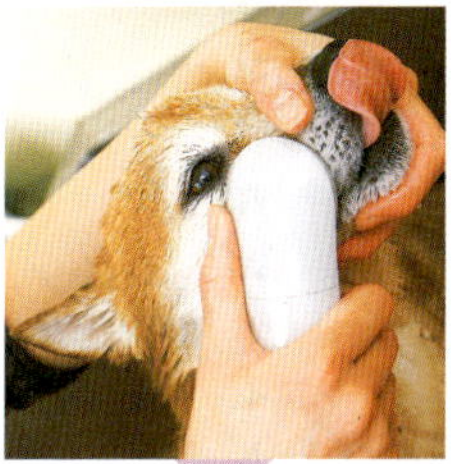

人肌くらいの温度で、水圧を上げずに足元から腰、背中、首の順番で下から上に、シャワーヘッドを体に付けて、優しく濡らします。最後に目と耳にお湯が入らないように押さえながら、顔を濡らします。

② シャンプーで洗います

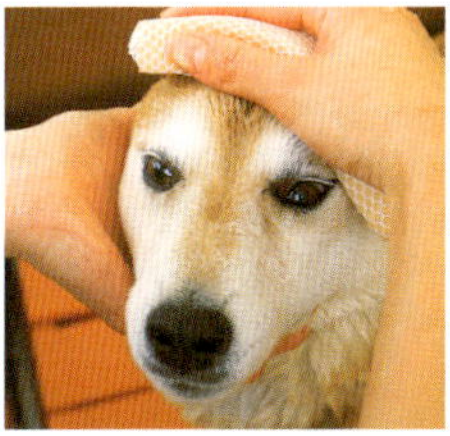

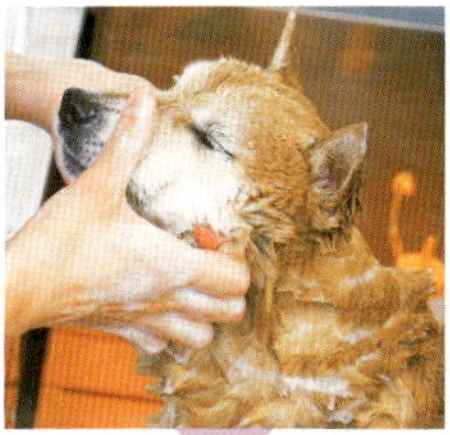

希釈したシャンプー剤を両手になじませたら体全体に付け、十分泡立てて、しっかり皮膚まで届くように指を入れて優しく洗います。頭や耳、顔などは手に泡を取り、包み込むように、優しくもみ洗いします。スポンジを使用してもよく泡立ちます。

③ しっかりすすぎます

シャンプー剤が残らないように、十分に洗い流します。洗い残しがあると皮膚病の原因にもなりやすいので注意しましょう。

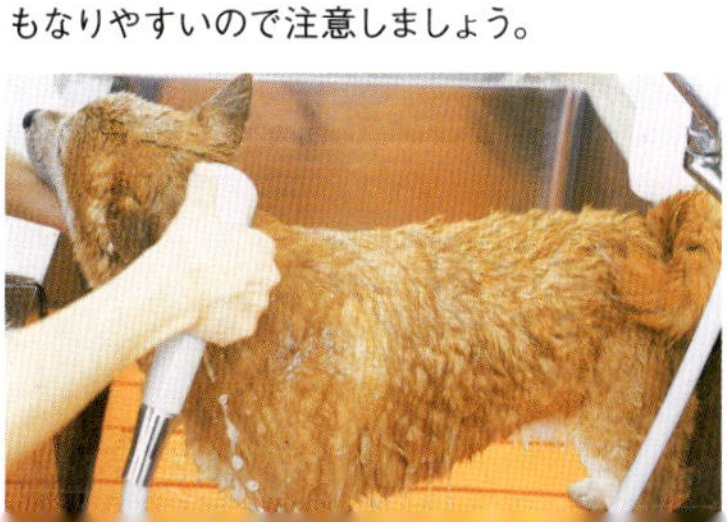

④ 体を拭きます

吸水性のある大きめのタオルで全身を包み込むようにして、毛を逆立てながら、しっかり拭き取ります。耳の中の水分も忘れずに。

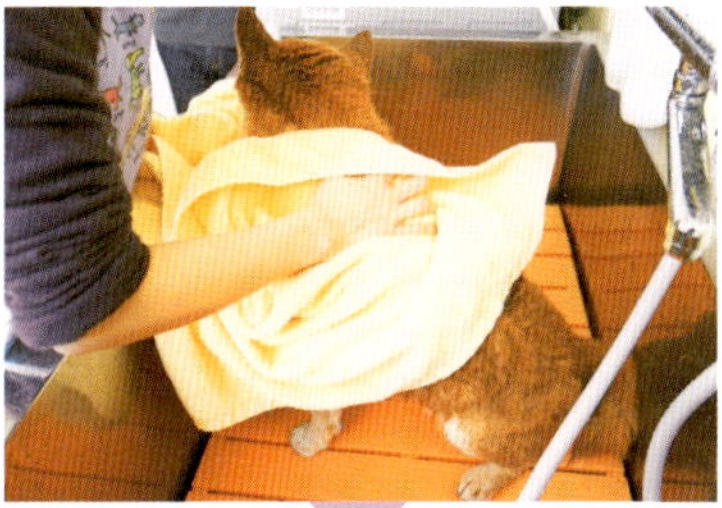

⑤ 体を乾かします

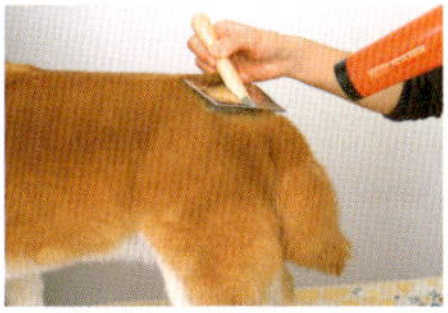

ドライヤーの温風を自分の手に当てて、温度を確認しながら乾かすことが大切。そして、スリッカーブラシを使い、毛を逆立てるようにして、毛の根元までしっかり乾かします。顔には温風を当てないように注意します。

⑥ 耳の中を乾拭きします

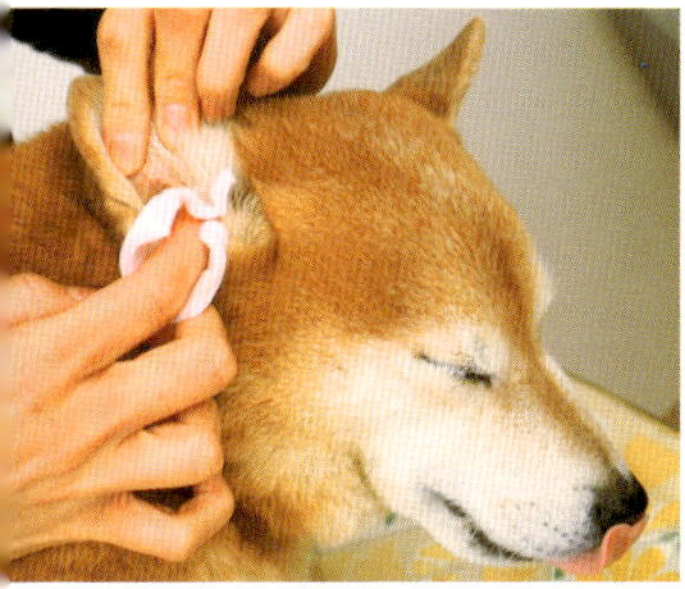

耳の中の水分を脱脂綿や綿棒を使って乾拭きをしてあげましょう。中耳炎などの病気にならないよう、水分をしっかり取り除くことを忘れずに。

足や爪のお手入れ

柴犬が触られることを嫌がりやすい、足のお手入れ。無理せず少しずつ練習することを心がけましょう。

柴犬が嫌がりやすい足まわりのお手入れは…

室内で暮らすことが増えた柴犬ですが、足を触ったり爪を切ろうとするとうなったり、暴れたり、噛みつく犬も多く見られます。しかし、足のお手入れを怠ると、伸びた爪がカーペットにひっかかったり、足裏の毛が伸びているとフローリングで滑ってケガをすることも。足まわりのお手入れは、ぜひとも子犬の頃から習慣づけたいものです。

足拭き

毎日の散歩の後に必ず行うものなので、ぜひマスターしましょう。

● 足拭きを行う前に

タオルの大きさに注意！

犬がじゃれつかないよう、足を拭くタオルはたたんで手に収まるサイズを用意。

犬の動きを固定します

最初は首輪とリードを装着したまま、ドアノブなどにつないで動きを制限します。

➡ 足拭きのやり方

● 用意するもの／タオル

コングを上手に使って

犬がかじれるコングなどを飼い主の足ではさみ、犬がそれをかじっている間に犬の足を拭きます。

オヤツに注目させて

犬の口が届かない所にオヤツを置いて注意をひき、おとなしく足を拭かせたらごほうびのオヤツをあげます。

足裏のお手入れも忘れずに

足裏の毛が伸びていると、フローリングの上で滑りやすくなるので、こまめにカットしましょう。また、真冬や真夏は肉球が乾燥したりひび割れたりしやすいもの。市販の肉球クリームなどを使って、保湿するのもオススメです。

爪切り

飼い主が恐る恐る行うと、犬も敏感に察知して嫌がることがあります。1日1本ずつ切る感覚で少しずつ無理せず行いましょう。

● 爪切りを行う前に

心配なら止血剤を用意

爪を切りすぎて出血した時に慌てないためにも止血剤を用意しておきましょう。

足を触る練習は必須

足を触ることができなければ爪切りはできないので、まずは足に触る練習を。

［犬の爪のしくみ］

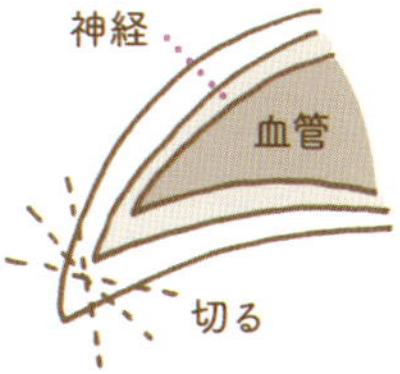

爪を切らずに伸ばしてしまうと、爪の中にある血が流れる場所（クイックと呼ばれる）も伸びていくもの。常に爪を短くしておくことで、血の流れるクイックも短く保たれ、流血することも少なくなる。

➡ 爪切りのやり方

● 用意するもの／
爪切り、止血剤、ごほうび

① 爪切りの道具に慣らします

毎回の食事の時、食器の横に爪切りを置いておき、道具に自然に慣らしておきます。

② 爪切りを目の前で持ってみます

犬の目の前で爪切りを持ってみて、嫌がらないようならオヤツなどのごほうびをあげます。

③ 爪切りを少し近づけてみます

爪切りを犬の前に差し出したり近づけてみて嫌がらないならオヤツをあげて徐々に慣らします。

④ 爪切りを徐々に足に近づけます

爪切りを足に当てる、爪切りの穴の中に爪を入れる、など徐々に慣らし、1本切ってみます。

⑤ 後ろ足も切ってみます

ごほうびを犬の前に置き、注意を引いている間に後ろ足の爪を切ってみましょう。

犬の足は強く握らないこと

足を強く握られることが嫌で、爪切りが嫌いになる犬も。足を握る場合は、優しくそっと手の上に乗せるような感じで行いましょう。

耳や目のお手入れ

垂れ耳の洋犬種に比べると、柴犬は立ち耳なので耳のトラブルは比較的少ないですが、定期的なお手入れを習慣づけたいもの。

耳掃除はやりすぎると外耳炎の原因になります

柴犬の場合は散歩中に草むらの中に入って耳にダニが付いたり、汚れが溜まることがありますので、定期的なチェックとお手入れをしていきましょう。健康な耳はにおわず、耳垢もほとんど見られません。耳の中が臭い、耳垢がある、耳の中がベタベタして黒ずんでいる、炎症がある、できものがあったり腫れている、頭をよく振っている、という場合は動物病院で診察を。なお、耳掃除はやりすぎると耳の皮膚を傷つけて外耳炎の原因にもなりますので、2〜3週間に1度ほどの頻度で行いましょう。

耳掃除

耳の中に専用の液体を入れて行う
耳掃除を嫌がる柴犬は多く見られます。
ここでは液体を直接耳に
入れない方法を紹介します。

● 耳掃除を行う前に

まずは耳まわりに触ることに慣れさせておきましょう。耳の周辺を優しく触りながら、耳を裏返すことにも慣れさせましょう。

1 耳に触ることに慣れさせます

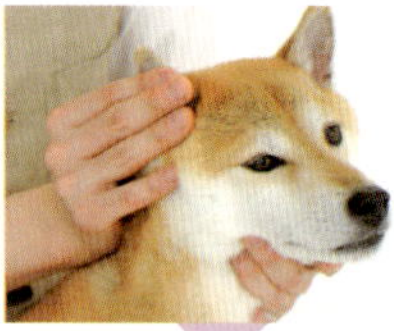

2 耳を裏返すことに慣れさせます

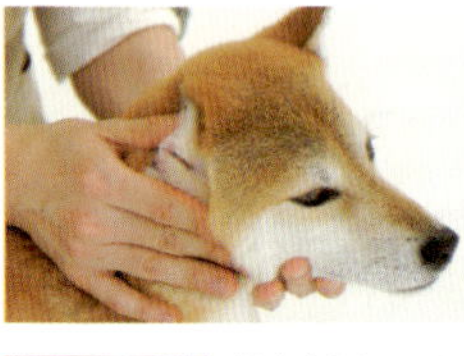

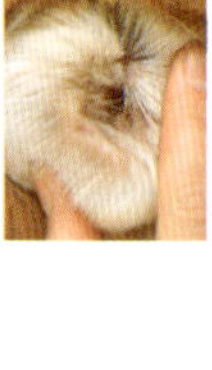

健康な耳はにおわず、耳垢もほとんど見られないもの。日頃からチェックしましょう。

［犬の耳のしくみ］

耳掃除の際、外耳道（鼓膜と外界を結ぶ管）は直角に曲がっているので、鼓膜を傷つける心配は少ないものの、嫌がっているのに無理にケアをしようとすると、暴れた時に耳の中の皮膚を傷つける可能性もあるので注意が必要です。

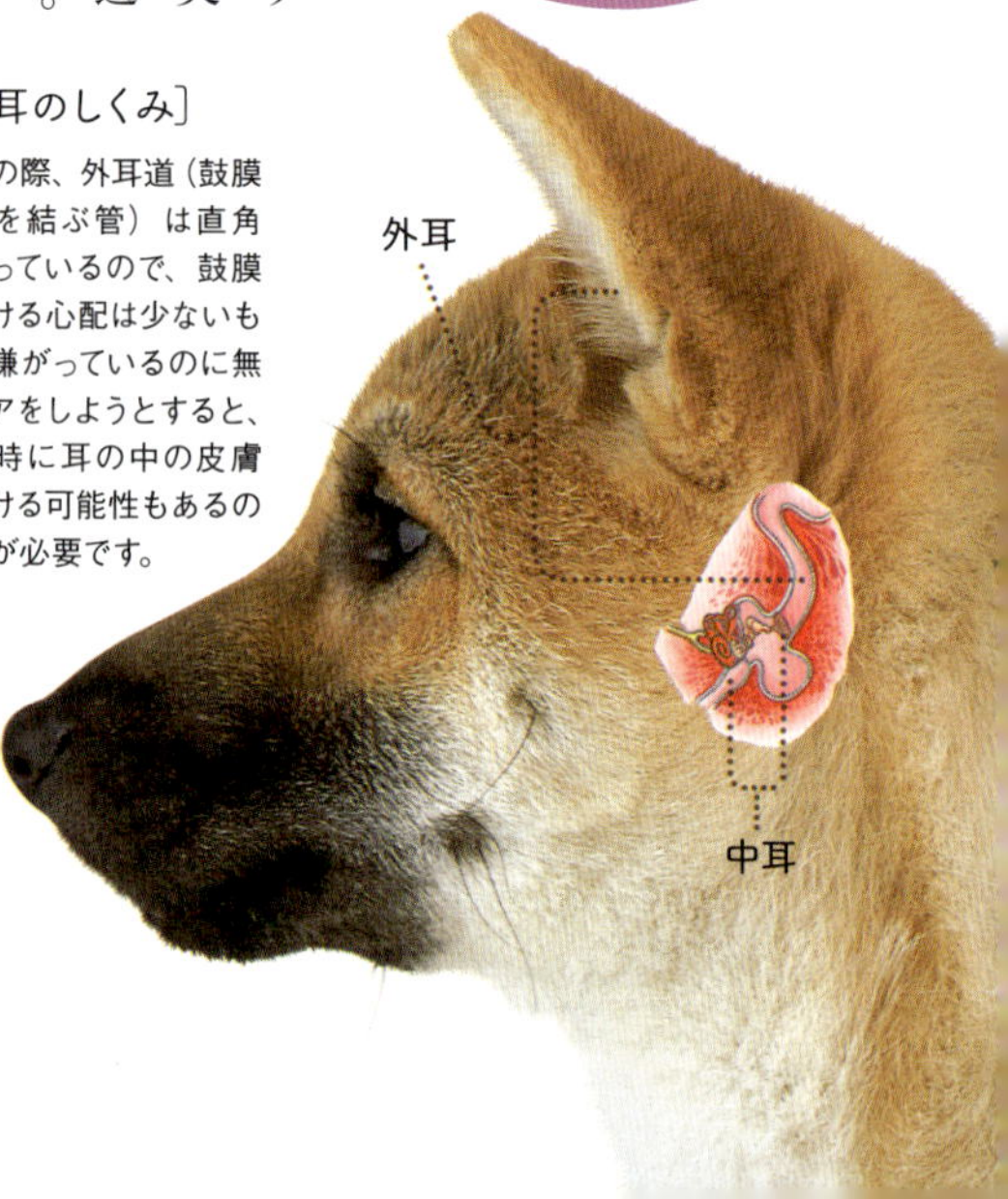

耳掃除のやり方

● 用意するもの／
コットン、市販の耳用洗浄液

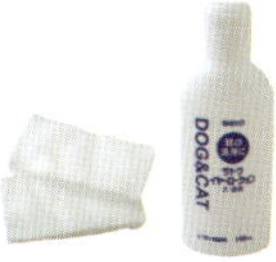

① 乾いたコットンで慣らします

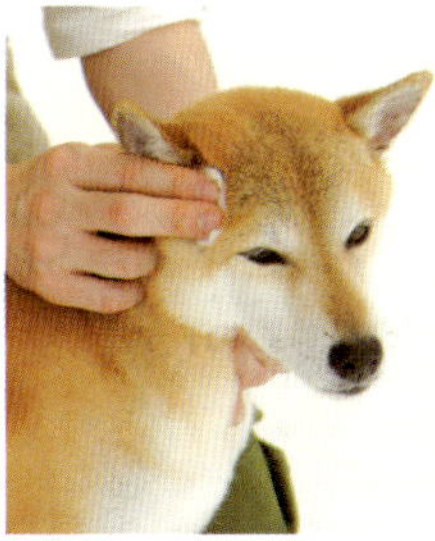

まずは乾いたコットンを使って、耳の周辺を撫で、コットンに慣らしていきます。

② 洗浄液を使います

洗浄液をしめらせたコットンを犬の耳の中に入れます。洗浄液を耳の中に垂らす感じで。

③ 耳を軽くもみます

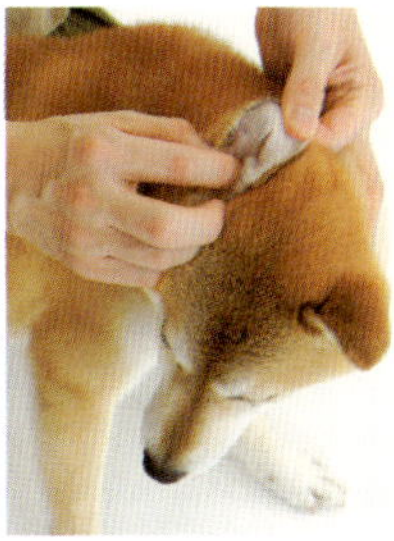

コットンを入れた耳を軽くもみます。耳の中を強く拭くと皮膚が傷つくので気をつけましょう。

④ 耳垢は浮かせて

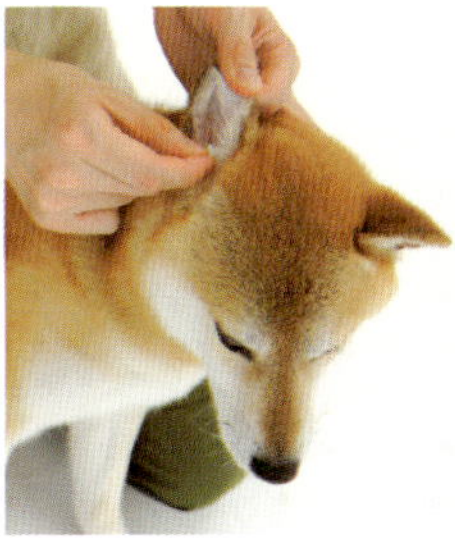

耳垢はこすらずに洗浄液で汚れを浮かせて取ります。耳の汚れ具合によって様子を見ましょう。

⑤ 乾いたコットンで拭きます

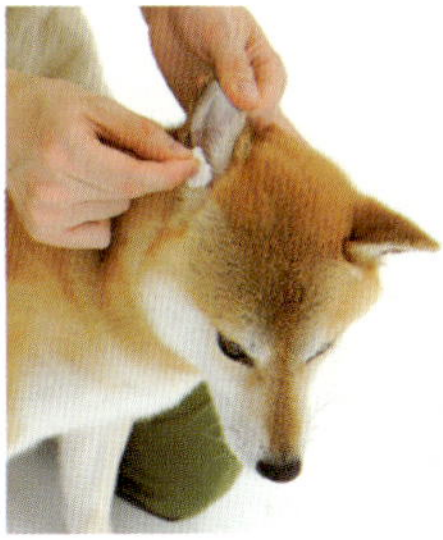

仕上げは、乾いたコットンで耳の周辺を優しく拭き取ってあげましょう。

目やに

目やには健康のバロメーターでもあります。目やにが多い場合は、こまめに、かつ、優しく拭き取ってあげましょう。

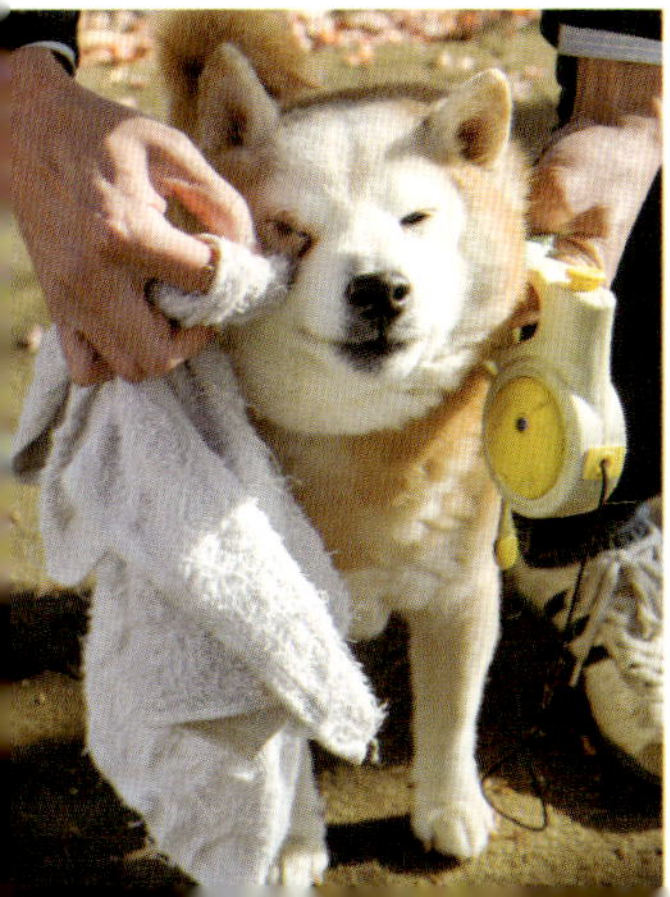

目やにのお手入れのやり方

● 用意するもの／コットン、ぬるま湯、市販の犬用涙ケア用品など

目やにを放置すると涙やけの原因に

目やにが出ている時は、ぬるま湯に浸したガーゼやコットンなどで優しく取り除きます。目やにを乾いたまま放置しておくと涙やけ（雑菌が繁殖しやすくなり、感染症を引き起こすことも）になることがありますので、こまめに取り除き、目やにの色が黄色や緑だったり、いつもより量が多い場合は動物病院へ。

歯について知っておきたいこと

犬にとって噛むこと、かじることは大きな喜びでもあります。健康な歯を維持して、シニアになってもしっかり食べられる犬でありたいもの。

愛犬の口が臭かったら歯周病を疑いましょう

現代の犬は、3歳以上の成犬の8割が歯周病にかかっていると言われています。その理由としては、粘着性の食事を摂るようになったことや、ストレス、また犬の寿命が延びたために、歯垢や歯石の付着率が上がったことによるものだと考えられています。

愛犬の口が臭かったり、歯茎から血が出ている場合、ちょっとした体調不良と考えがちですが、じつは深刻な口腔内疾患の可能性もありますので、異常を発見したらすぐに動物病院へ行きましょう。

歯周病は悪化すると、歯が抜けるばかりではなく、顎の骨折をしやすくなったり、内臓疾患を引き起こすなど、犬の寿命を縮めてしまうことにつながります。子犬の頃から歯磨きの習慣をつけたり、歯磨きが苦手な犬の場合は、デンタルケアグッズを上手に利用して、歯のケアに務めましょう。

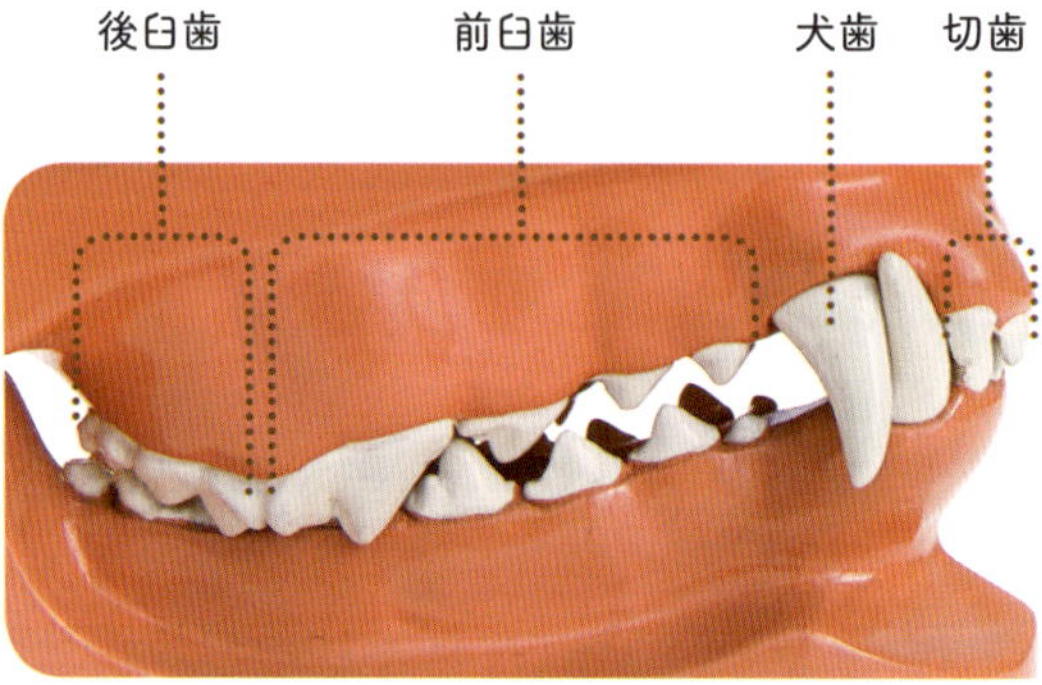

［犬の歯の構造］

犬の歯は42本（乳歯は28本）。切歯12本、犬歯4本、前臼歯16本、後臼歯10本で構成される。ものを噛み切るのは上顎第4臼歯と下顎第1後臼歯で、犬の場合はここが最も歯周病になりやすいと言われている。

一番残ってほしいのは裂肉歯

ハサミのような咬合が特徴

人間は食べる時に前歯で噛みちぎった後、奥歯ですりつぶし飲み込みます。犬は切歯と犬歯でものをとらえて噛みちぎり、奥歯ですりつぶすことなく飲み込みます。上顎の左右にある第４前臼歯と、下顎の左右にある第１後臼歯は「裂肉歯」と呼ばれ、犬が物を食べる時に大切な役割を果たします。

［犬の歯のしくみ］

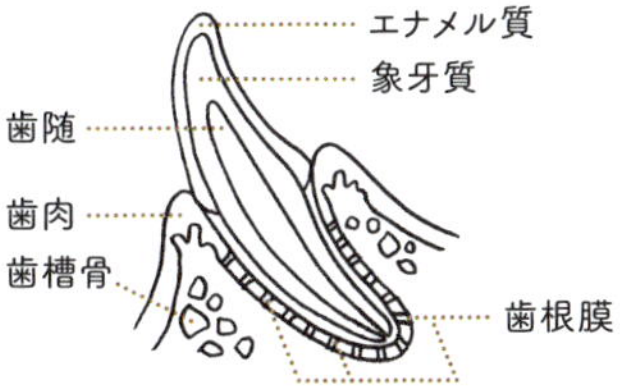

［裂肉歯の位置］

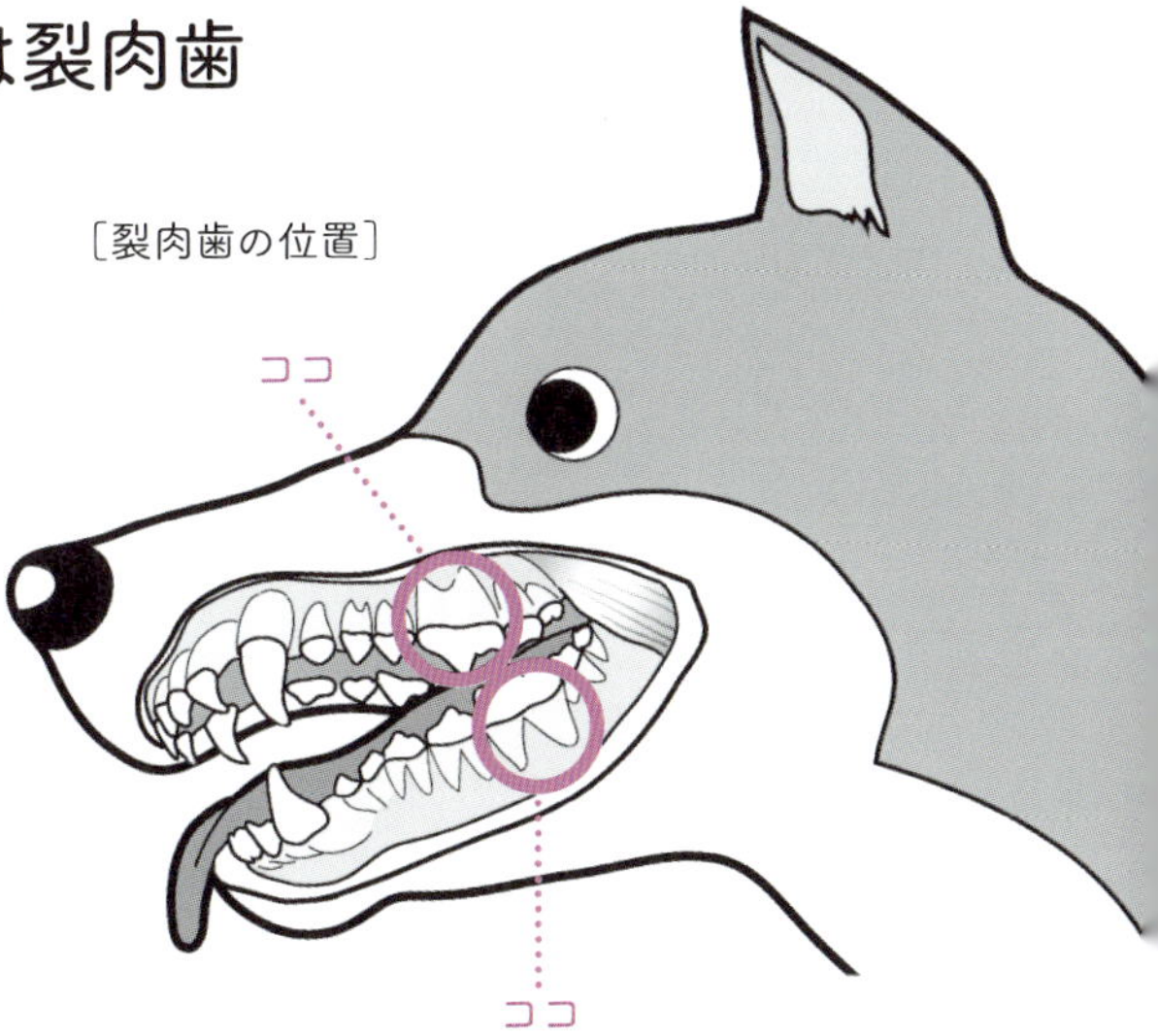

歯周病の進行の様子

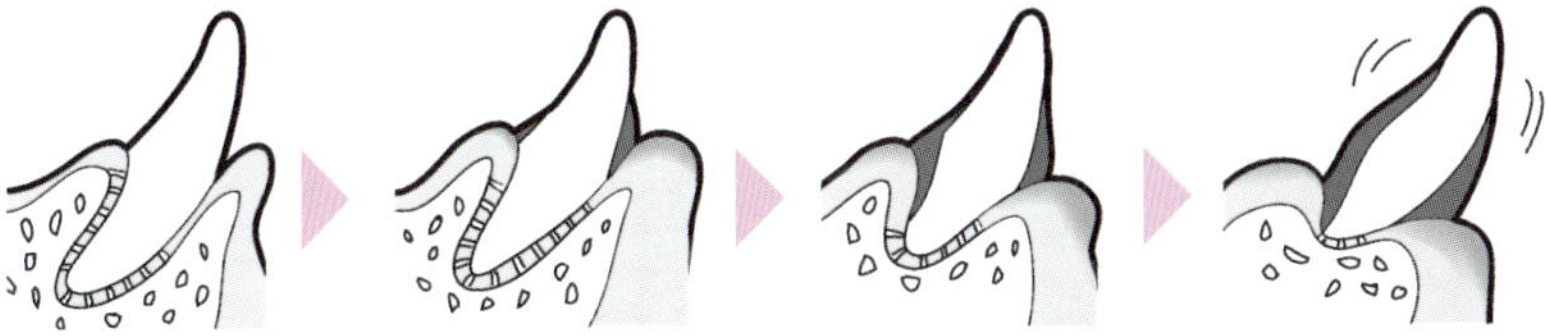

健康な状態の歯。歯の周りにある歯肉、歯根膜、歯槽骨によってしっかりと支えられています。

歯垢が歯の周りに付着。やがて歯垢は歯石となり、歯肉が炎症を起こすことになります。

歯垢中の細菌により歯肉が腫れ、歯と歯茎の間に歯垢や歯石がたまると、歯肉が退行することも。

最終的には歯肉の退行だけにとどまらず、歯根膜や歯槽骨まで溶け、歯が抜けることも。

歯周病の他にも気をつけたい欠歯や破折歯

歯周病の他にも、健康な歯を保つために気をつけたいことがあります。例えば、オヤツとして与えるひづめや硬いオモチャで歯が折れたり、テニスボールやサッカーボールで1日に何時間も遊んでいると歯がすり減るケースです。歯が欠けたりすり減ると、歯の中にある神経が出てしまい、中に細菌が入りやすくなって炎症を起こすこともあります。また、神経が出てしまうと痛みを伴ったり、水がしみることもあります。柔らかい布などを何時間も噛ませていても歯はすり減りますので、十分に注意しましょう。

歯磨き

子犬の頃から正しい歯磨きの習慣をつければ、歯周病は予防できるもの。ぜひやり方を覚えて実践しましょう。

口臭と唾液の色に注意しましょう

口腔疾患がない健康な犬は、口臭がほとんどしないもの。口臭が強くなってきたり、唾液が血の混ざった赤色だったり、濁った白色になってきた場合はすぐに動物病院で治療をすることが大切。日頃から歯磨きを心がけ、飼い主が愛犬の口の中をチェックする習慣をつけるようにしましょう。

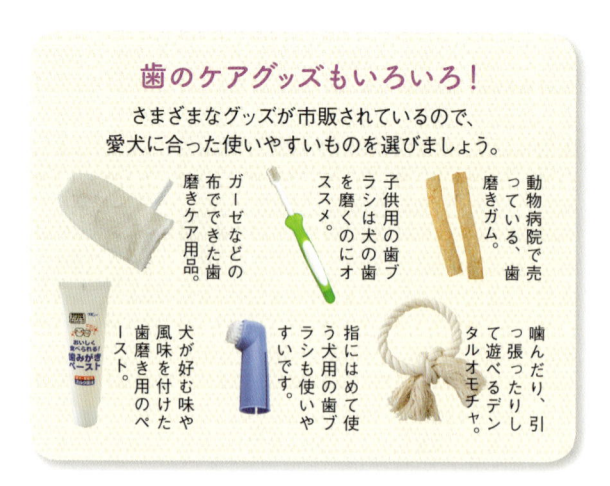

歯のケアグッズもいろいろ！

さまざまなグッズが市販されているので、愛犬に合った使いやすいものを選びましょう。

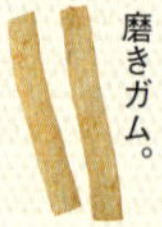

動物病院で売っている、歯磨きガム。

子供用の歯ブラシは犬の歯を磨くのにオススメ。

ガーゼなどの布でできた歯磨きケア用品。

噛んだり、引っ張ったりして遊べるデンタルオモチャ。

指にはめて使う犬用の歯ブラシも使いやすいです。

犬が好む味や風味を付けた歯磨き用のペースト。

● 歯磨きを行う前に

口の周りを触ることに慣れてもらいましょう。

① アゴを触ります

アゴを少し触ってオヤツをあげます。片手で顔を固定し耳まわりなど犬が好きな所から触ります。

② 少しずつ口へ移動

1cm 単位で少しずつ口の方へ手を移動させます。手を動かすたびにオヤツをあげましょう。

③ 鼻の周辺を触ります

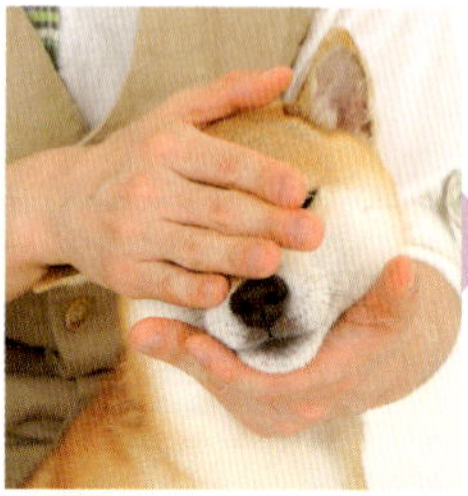

鼻の横、鼻の上と徐々に手を動かしていきます。動かすたびにオヤツをあげます。

④ 片手でマズルを持ちます

片手でマズルを包むように持ち、片方の手は耳まわりから再び口元へと動かします。

⑤ 口の横を触ります

手を少しずつ移動させ、口の横にきたらマッサージするように触っていきます。

⑥ 口の中に指を入れます

口の周辺を触っても大丈夫なようなら、口の中に指を入れ歯茎や歯を触ることに慣れさせます。

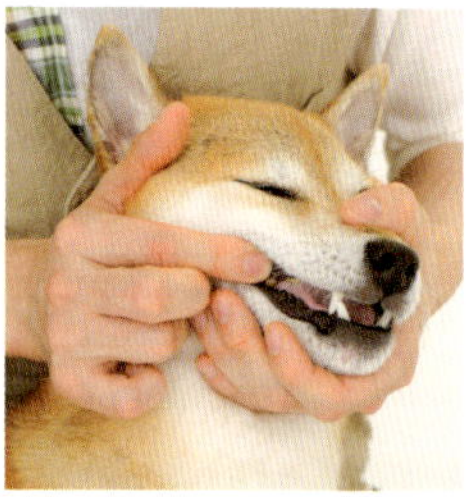

歯磨きのやり方

ガーゼ などを使って

● 用意するもの

ガーゼやガーゼ状の歯磨き用品、フードや肉のニオイをつけた水や、市販の歯磨き用のペーストなど。

① ガーゼを巻いた指で磨きます

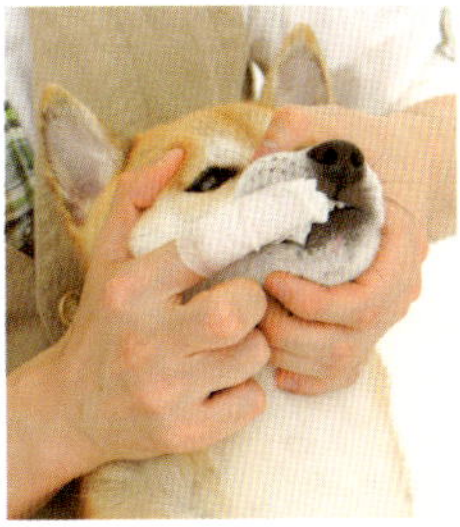

ガーゼを人さし指に巻いたら、もう片方の手で犬の顔が動かないように支えます。体勢が整ったら指で歯を磨きます。

② すぐにオヤツをあげます

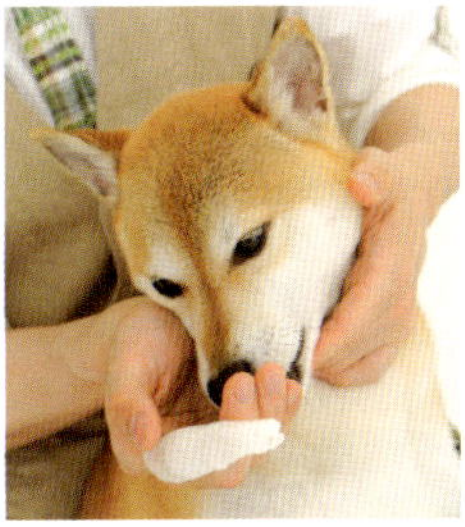

少し磨いたらすぐにオヤツをあげます。この時ガーゼを巻いた方の手にオヤツを持っておくと、すぐにあげられます。

歯ブラシ などを使って

● 用意するもの

お肉の味がするおいしい水や、市販の歯磨き用のペースト、子供用の歯ブラシや指にはめるタイプの犬用歯ブラシなど。

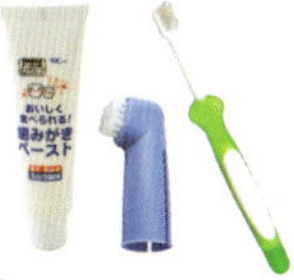

① 歯ブラシに慣らせます

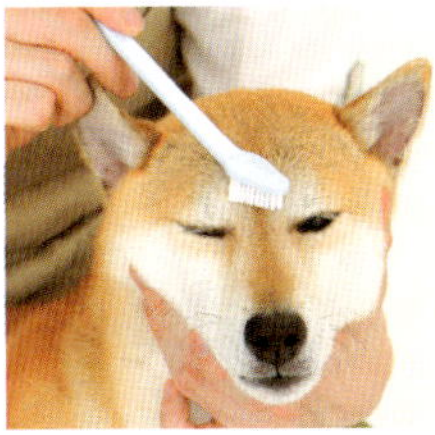

歯ブラシで少しずつ顔をマッサージするなどして、歯ブラシは気持ちいい、という印象を犬にもたせましょう。

② 歯ブラシを口の中へ

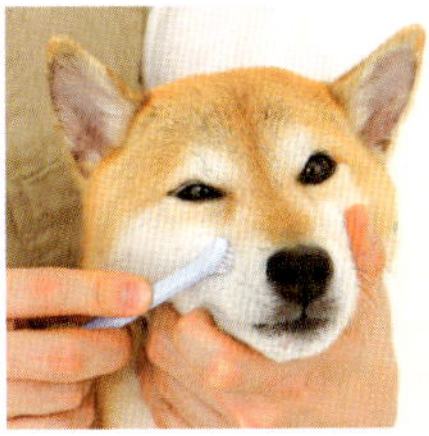

①で嫌がることなくできたら、歯ブラシを口の中に少し入れてみて、優しく奥歯に当て犬の様子をみましょう。

③ 上手にできたらごほうびをあげます

歯に歯ブラシを当てても犬がおとなしくしていられたら、すぐにごほうびのオヤツをあげてほめてあげましょう。

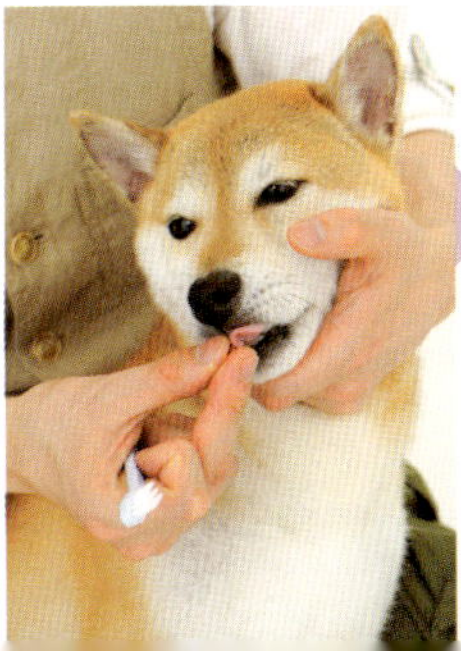

④ 1日1本ずつでもOKです

1回に全部磨こうとせず、1日に1本ずつ磨ければいい、という感覚で無理をせずに少しずつ練習していきましょう。

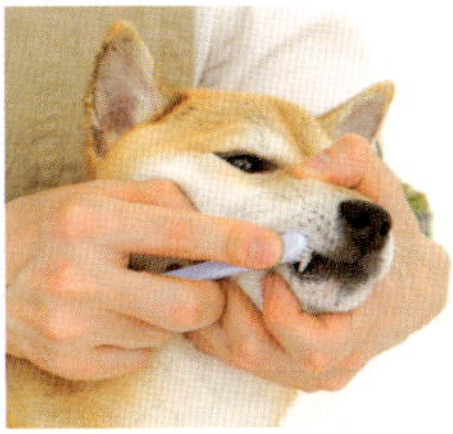

⑤ 慣れたらオヤツは減らします

歯磨きに慣れたら、ごほうびのオヤツは減らしていきます。また、歯ブラシに犬がじゃれた場合は歯ブラシを隠しましょう。

COLUMN

動物病院やトリミングサロンにお手入れをお願いする時は…

他人に体を触られることに慣れるよいきっかけになるトリミング。
最近は柴犬のシャンプーをお店に頼む飼い主さんも増えています。

愛犬の性格や年齢、体調などを考慮して上手に付き合いましょう

自宅でのシャンプーを嫌がる場合、トリミングサロンや動物病院にお願いするのがオススメです。コース内容にもよりますが柴犬の場合「肛門腺絞り、肛門周辺の毛のカット、シャンプー、爪切り、足裏の毛のカット、耳掃除」などが含まれていることが多いので、お願いする際に確認しておきましょう。トリマーさんによっては洋犬と同じようにヒゲやお尻全体の毛をカットしてしまうこともあるので、依頼する際に飼い主の希望をきちんと伝えておくことも大切です。また、シャンプーが嫌で暴れる犬は、あらかじめ「体のどこを触るとどのように嫌がるか」といったことも先方に伝えましょう。犬によっては家では暴れるのにお店だとおとなしい、というタイプもいるもの。お店でシャンプーをしていたら、他人に体を触られることに慣れたケースや、動物病院でトリミングをお願いしたら、皮膚疾患や体の腫瘍が見つかって早期治療につながった、というケースもあります。ただし、柴犬にはデリケートな性格の犬も多いので、トリミングがとても嫌で、帰宅後に体調を崩したり、シニア犬の場合は体調が優れないとシャンプー自体が体への大きな負担になることもあります。愛犬の性格や年齢、体調などを考慮して動物病院やトリミングサロンと上手に付き合っていきましょう。

7

気になる病気や健康のこと

健康管理は飼い主の務め。病気の早期発見と治療で、健康な長生きライフを送りましょう。

健康チェックのポイント

愛犬の病気やケガに気づけるように、日常生活に健康チェックを取り入れましょう。平常時の状態を把握しておけば、不調の早期発見、早期治療ができます。

毎日の全身の健康チェックを習慣にしよう！

愛犬の体の不調に早く気づいてあげられるように、日頃から全身の状態を把握して、それぞれの部位に多い異変を知っておきましょう。不調のサインは食欲や排泄などの状態にも現れるため、日常生活の様子にも気を配ることが大切です。家庭での健康チェックを習慣にして、気になることがあれば動物病院へ。病気やケガの早期発見、早期治療を行えるようにしましょう。

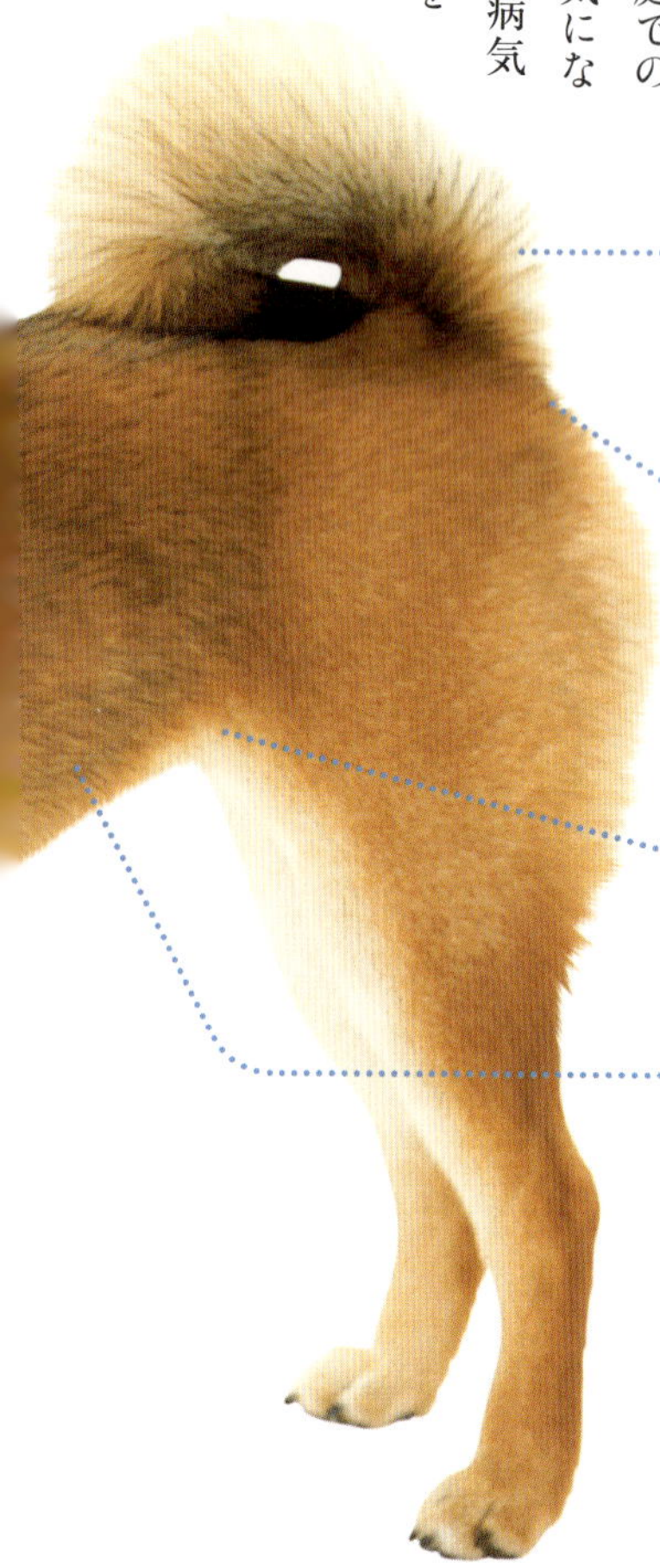

シッポ

散歩時に草むらなどに入るとノミがつくこともあります。かゆがったり、急に毛が抜けてきたら要注意です。

お尻周辺

健康であればお尻周辺はきれいな状態。肛門は色が濃く引き締まっています。確認したい点は、赤み、腫れ、排泄物の汚れの有無など。お尻を頻繁に舐める、オスワリの状態でこするといった様子が見られたら注意が必要です。

お腹周辺

標準体型の犬は、肋骨の後ろがややくびれています。もしふくれている場合は、肥満や病気に加えて、重度の内臓の病気が考えられます。また、食後などに急にふくれた場合は要注意。愛犬の様子を見て早めに対処しましょう。

生殖器

オスは通常の睾丸や陰茎の状態を確認します。併せて、分泌物や腫れの有無をチェックしておきます。メスは陰部の状態や出血などの分泌物の有無を確認します。さらに子宮がある下腹部の通常の状態も見ておくと安心です。

鼻

通常、柴犬の鼻は起きている時には湿っていて、寝ている時には乾燥している状態。起きている時をチェックして、乾燥している、詰まっている、鼻水が垂れるほど出る、鼻水に色がついている、などの様子が見られたら、不調の疑いが。

目

透明感があって、いきいきと輝いている状態が正常です。充血、目やに、目の濁り、まぶたの腫れ、瞳孔の拡大などが見られたら異変のサイン。また、目をつぶる、こする、左右を比べて違和感がある時にも注意が必要です。

耳

健康であれば血色のよいピンク色です。耳の中は皮脂や汚れがたまりやすく、ノミやダニなどもつきやすいもの。乾いた布で拭いてお手入れを。ウェットティッシュは蒸れて病気の原因になることもあるので注意しましょう。

口

歯は歯垢や歯石がついていない状態がベスト。口臭が強い場合は口腔内の病気が考えられるので要注意です。歯肉の色は血色がよいピンクが健康。貧血の場合は血の気がない白っぽい色に変化します。歯茎の色からいろいろな病気を発見できます。

被毛

柴犬はダブルコートと呼ばれる二重構造の毛質。春頃と秋頃の換毛期には、硬い上毛を残してやわらかい下毛が抜けます。上毛と下毛が抜ける、時期に関係なくひどく抜ける、部分的に抜ける、などは病気の可能性もあります。

皮膚

健康的であれば薄めのピンク色をしています。犬の皮膚は被毛で覆われているため、人の皮膚よりも刺激に弱いもの。赤み、腫れ、かさぶた、フケの状態などを注意深く見ます。体臭が強い場合は皮膚疾患がひそんでいることも。

足

散歩の時の歩き方は、リズミカルな速歩きが基本。ふらつく、ぎこちない、足を引きずる、などの異変が見られたら、ケガや脳の異変の可能性があります。関節の異変は後ろ足に現れることが多いので、形状を確認しておきます。

足の指・肉球・爪

足先は軽く握ったような形状、肉球は耳たぶ程度の弾力、爪は地面につく程度の長さがベスト。柴犬は散歩の時間が長めなので、肉球のケガなども注意してチェックしましょう。

動物病院の選び方・かかり方

大切な愛犬の治療を安心してお願いできる動物病院を選びましょう。病気やケガの時に焦らないように、受診する時のポイントも知っておきましょう。

飼い主さんと愛犬に合う動物病院を選びましょう

元気な犬であっても、狂犬病の予防注射や混合ワクチン、駆虫薬の処方のため、年に数回は動物病院への通院が必要です。病気やケガの時にも頼れる動物病院を選びましょう。

まずは院内が清潔で、ある程度の設備が整っていること。愛犬の健康状態、症状や治療方法について飼い主にわかりやすく説明してくれること。心配なことには親身に相談にのってくれる、治療や手術を安心して任せられる、その動物病院では治療できない病気の時には専門医を紹介してくれる、などを目安にしてみましょう。動物病院によっても治療費や治療方法、処方する薬などが異なりますので、それらも考慮を。加えて家から通える距離、獣医師との相性なども併せて選ぶこと。飼い主さんと愛犬に合った動物病院を探すためには、自分で判断することが大切です。動物病院を探す時にはインターネットなどで近隣を調べ、実際に電話をかけて印象を確認してみましょう。

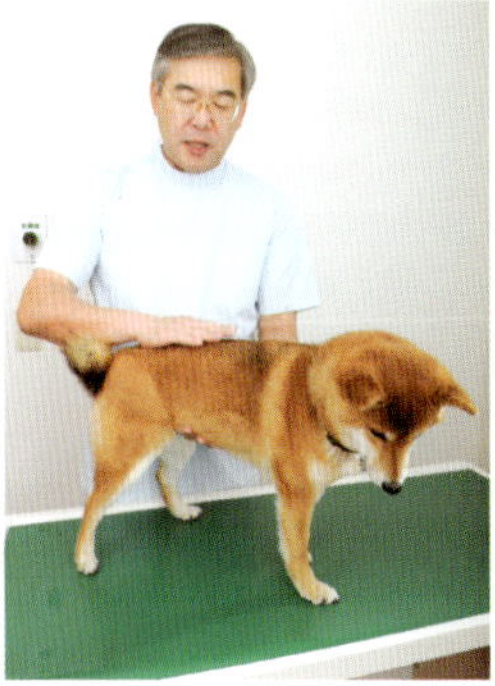

診察室で触られるのを嫌がる柴犬はかなり多い。普段から抱っこなどに慣らしておこう。

受診時に伝えること

いつから、どんな状態か

愛犬の不調に気づいたきっかけや様子をなるべく詳しく説明しましょう。「いつもと違う」と感じたことには、病気やケガがひそんでいる可能性があります。

受診時に持参するもの

便や嘔吐物なども持参

獣医師に伝え忘れないように、不調のきっかけや様子を書いたメモや、その日の排泄物や嘔吐物も診察時の判断材料になるので、忘れずに持参しましょう。

多くの動物が集まる待合室では、トラブル防止のためにクレートの中で待機するのもオススメ。

➡ こんな時には動物病院を受診しよう

犬はしぐさや行動などで不調を表します。「いつもと違う」と感じた時が受診のタイミング。動物病院に連れて行く時の注意事項を確認しましょう。

嘔吐する

様々な原因で起きます

嘔吐は危険なサインです。誤食や胃の病気だけではなく、感染症、脳、肝臓、膵臓、腎臓、膀胱など、多数の臓器障害でも嘔吐は起こります。激しい嘔吐が続いて2～3日後に死亡するケースもあり、一刻を争う病気がひそんでいる可能性が。嘔吐が1日に2回以上見られたら、すぐに動物病院を受診しましょう。

元気・食欲がない

異変に気づいたらすぐ受診

呼んでも来ない、目つきがおかしい、息が少しだけ荒い、毛艶がないなど、何か変だと感じた時には既に重症化している場合も。「いつもと違う」「いつもできていることができない」「今日に限っておかしい」と気づけるよう、日頃から愛犬の様子をよく見ておきましょう。異変が見られたらすぐ受診することが病気の早期発見、早期治療につながります。

体をひどくかく

被毛と皮膚の状態を見ます

犬が頻繁にかくところには、皮膚疾患や寄生虫が原因の異変がひそんでいることが多いので、注意して見ましょう。被毛に異変がなくても皮膚に症状が現れることもあるので、毛をかき分けて確認します。体内の不調でかくこともあるので、異変が見つからなくても念のため受診しましょう。

目・耳・皮膚・歯肉の色が変

見てわかる変化に注意

目、耳、皮膚、歯肉の色の変化は要注意。白い、濃い、黄色い、紫色っぽいなどの変化、また赤や紫の斑点が見られた時は動物病院へ。黄疸や貧血など様々な病気が原因の症状が出ている状態です。

事故に遭った

負った傷に気をつけながら運びます

交通事故や犬同士のトラブルでケガをした時には、すぐに受診しましょう。痛みや恐怖でパニックになった犬を抱き上げようとすると、噛まれることがあります。バスタオルやタオルケットをかぶせて抱き上げ、傷を圧迫しないように大きめのクレートなどに入れて動物病院に向かいましょう。

咳をする・呼吸が苦しそう

全身の状態も忘れずに要観察

暑くないのに口で呼吸している、いつもより速く胸が動いている、咳をしているなどの症状が見られたら、呼吸器だけでなく全身性の病気の可能性があります。歯肉の色など全身の状態も確認しましょう。ひどく苦しそうな時に車で動物病院に連れて行く際は、楽な姿勢をとれるよう、リードをしっかり固定して後部座席へ。抱いたり、クレートなどに入れない方がいいでしょう。

柴犬に多い病気について

様々な犬の病気の中でも特に柴犬がかかりやすい病気を紹介します。
いつまでも健康でいられるよう、予防と早期発見、早期治療を心がけましょう。

呼吸器系の病気

咳や荒い呼吸などの症状がサイン

犬フィラリア症

症状

蚊に刺されることでフィラリア（犬糸状虫）が血中に入り、肺動脈や心臓に寄生して症状を出す病気です。持続性の咳、腹水、肺動脈の破裂による喀血、血尿などの症状が現れます。感染した場合は徐々に症状が悪化しますが、時には急変することもあります。非常に命を落とす危険性が高く、完治が望めない病気です。

治療

症状が現れた時には、すでに重篤な状態であることが多い病気です。フィラリア成虫の駆除剤を投与することなどが主な治療法です。しかし肝臓への影響が大きく、命を落とすこともあります。また、高血圧などの後遺症が残り、完治は望めません。治療方法は獣医師とよく相談しましょう。フィラリア予防薬を定期的に与えて感染を防ぐことが最も重要です。

ケンネルコフ

症状

咳や発熱が続く伝染性の呼吸器感染症の総称です。人の風邪のように、様々なウイルスや細菌が原因で発症します。免疫が低い子犬の発症率が高く、子犬を家に迎える時にはすでに感染していることが多い病気です。健康な成犬でも、空気が乾燥する冬などは十分に注意しましょう。感染経路は接触感染、飛沫感染などです。感染して１～２週間で喉に異物が詰まったような咳が出始め、鼻水、発熱、食欲低下などの症状が現れます。重症になると肺炎を起こし、死に至る場合もあります。

治療

軽度の場合は自然治癒することもあります。ただし、体力が低下しているため二次感染（別の病気に感染）を起こしていることが多いので、抗生物質の投与や吸入療法などで治療していきます。予防としては混合ワクチン接種を行うことが大切です。また、体力の低下から感染しやすい状態になるため、清潔で快適な住環境を整えてあげましょう。

消化器系の病気

拾い食いや寄生虫はお腹の敵

寄生虫性腸炎

症状

子犬から老犬まで、あらゆる年代で発症する寄生虫が原因の病気です。犬回虫、犬鉤虫、犬鞭虫、コクシジウム、ジアルジアなどの寄生虫の腸内感染によって発症します。急性の下痢を繰り返す、あるいは慢性の下痢を引き起こします。また、寄生虫によっては嘔吐、貧血、腹部のふくらみなど、消化器系の様々な不調が現れます。重症の場合は死に至ることがある危険な病気です。

治療

寄生虫がいる限り症状を繰り返すため、根治が重要です。寄生虫はライフサイクルに合わせて犬の体内を移動します。例えば犬回虫のライフサイクルは、幼虫が腸内から他の臓器に侵入して成長し、再び腸に戻って産卵するというもの。駆虫薬は腸内にいる寄生虫以外には効かないため、数ヶ月に渡って計画的に投与します。治療が遅れた場合は腸内に大きいダメージが残り、下痢が生涯続く場合もあります。

急性胃炎

症状

胃の粘膜が炎症を起こし、激しい嘔吐を繰り返す病気です。誤飲、誤食、毒物などを摂取する、稀に処方薬を飲んで起こる場合もあります。胃の強い痛みを伴います。何回も嘔吐すると、かなりの体液が失われるため脱水症状を引き起こし、放っておくと命に関わります。また、急性胃炎だと思っていたら、より重篤な膵臓炎だったということもあります。血液を大量に吐く場合もあり緊急を要します。

治療

腹部の触診、X線検査、超音波検査、血液検査、胃カメラなどで診断します。原因がはっきりせず軽症の場合は、制吐剤と輸液をして、12時間の絶水と24時間の絶食をさせて様子を見ます。そして、徐々に水を与えて、嘔吐しなければ流動食を与えます。症状が重篤な場合は、入院させて点滴療法を行います。また、異物を誤飲した場合は内視鏡、または開腹による異物の摘出手術を行います。

目の病気

早期発見で大切な目を守りましょう

緑内障《りょくないしょう》

症 状

眼圧が高くなり、網膜や視神経が圧迫され視覚障害を起こします。激しい痛みにより、まぶたが痙攣したり、涙を流したり、頭を触られるのを嫌がったりします。また、食欲不振、元気がないなどの症状が見られます。慢性期になると、眼球が以前よりも大きい状態になります。

治 療

点眼薬や内服薬の投与などの内科的治療や外科治療などで眼圧を下げる治療をします。さらに失明しても眼圧が高い場合は、義眼挿入手術や眼球摘出手術を行う場合もあります。具体的な予防法がないため、早期発見、早期治療が重要です。また、定期的な眼の検査も忘れずに。異変を感じたら、すぐに動物病院へ。

白内障《はくないしょう》

症 状

レンズの周囲に変性したタンパク質が付着して目が白く濁り、視界がぼやけて視力の低下を引き起こします。視力の低下により、物にぶつかる、段差につまずく、動かなくなるなど、いつもと違う行動の変化が見られるようになります。白内障は遺伝性と先天性、そして後天性の３つのタイプがあり、遺伝性は遺伝性網膜萎縮、後天性は外傷、糖尿病、加齢、ブドウ膜炎などが原因で発症します。

治 療

進行を抑える、完治させる内科的治療はありません。検査をして手術を受けることが白内障を治す早道になります。ただし、術後、目薬の点眼を終生行うことになります。生活スタイルや愛犬の性格を加味して手術を受けるかどうかを決めるといいでしょう。

角膜炎《かくまくえん》

症 状

シャンプーや砂が目に入ったり、ウイルスやアレルギーなどにより、眼球の表面を覆っている角膜に炎症が起きる病気です。痛みのために目をこすったり、目をショボショボさせたり、光を眩しがる、目やにが出る、涙を流すなどの症状が見られます。

治 療

抗炎症剤、抗生剤、角膜障害治療剤などの点眼薬を投与する内科的治療が基本です。同時に外傷があれば治療をします。痛みやかゆみが激しい場合は、目をこすらないよう、エリザベスカラーなどでガードします。必ず動物病院を受診しましょう。

骨や関節の病気

変《へん》性《せい》性《せい》脊《せき》椎《つい》症《しょう》

症状

激しい運動や肥満、老化などにより、背骨の間に挟まれている椎間板がつぶれて脊椎が変性してしまう病気です。発症部位や進行具合で症状は様々ですが、痛み、足を引きずる、四肢の麻痺、背中の痛み、排尿、排便が困難になるなどの様子が見られます。

治療

軽度の場合は患部の痛みを薬で抑え、運動を避けて安静にします。脊椎管狭窄を起こしている場合は外科的治療を施した後、リハビリにより神経回復を図ることもあります。食事管理で肥満防止を心がけ、脊椎に負担をかけないように周囲の段差を減らすなど、環境を改善してあげましょう。

股《こ》関《かん》節《せつ》形《けい》成《せい》不《ふ》全《ぜん》

症状

大腿骨と骨盤をつなぐ股関節の変形や形成不全により、後ろ足の歩き方や座り方に異常が見られ、特に大型犬に多い病気のひとつです。遺伝性以外にも、激しい運動や肥満が原因で発症する場合もあります。横座り、腰を振って歩く、ウサギ跳びのような歩き方、歩行時に頭が下がる、立ち上がるのに時間がかかるなどの症状が見られます。生後6ヶ月頃に発症しますが、シニア犬になってから症状が出る場合もあります。

治療

年齢、関節の緩み、進行の程度によって治療方法が決定されます。軽度の場合は、痛みを和らげ、症状の進行を抑えるために鎮痛剤、抗炎症剤などを投与しながら、運動制限や食事管理を行います。重度の場合は外科手術が必要ですが、手術が成功すれば、様々な症状から解放されます。

膝《しつ》蓋《がい》骨《こつ》脱《だっ》臼《きゅう》

症状

膝のお皿が正常な位置からはずれてしまう病気。先天性、あるいは交通事故や高い所からの落下、つまずいて捻るなど後天性の場合もあります。後ろ足を上げたり、伸ばしたり、足を浮かせたり、つま先立ちなど歩行異常が見られます。先天性の重度の脱臼では、成長に伴って症状が悪化し、足も変形して歩行不能となることがあります。

治療

先天性の場合、骨の成長が止まる生後 11 ヶ月までに膝蓋骨を正常な位置に戻す手術を行います。変形が重度になると手術が困難な場合もあるので、子犬の頃から進行の程度を動物病院でチェックしてもらいましょう。日常的に膝に負担をかけないよう、カーペットを敷くなど、滑りにくい住環境を整えることも大切です。

適度な運動をして肥満を撃退

いつでも清潔を心がけましょう!

マラセチア皮膚炎
(脂《し》漏《ろう》性《せい》皮《ひ》膚《ふ》炎《えん》)

症 状

皮膚が脂っぽい体質の犬に多く見られる皮膚疾患です。体が脂っぽい状態の時に、皮膚や粘膜の常在菌であるマラセチアという酵母菌(カビ)が増え、かゆみや炎症などを引き起こします。皮膚のバリアが弱まっている状態なので、マラセチアの他、ニキビダニや細菌に感染して複数の皮膚疾患を発症していることが。皮脂がベタベタする、体臭が強くなる、皮膚が赤くとてもかゆそう、フケが増える、脱毛、発疹など様々な症状が現れます。特に高温多湿の時期に見られることが多い病気です。

治 療

根治のためには病気の原因をよく調べることが大切です。原因となるマラセチアや細菌の増殖を抑えるために、抗真菌剤や抗生物質を投与します。また、過剰に分泌されている皮脂を取り除くために、動物病院で処方された薬用シャンプーで洗い、薬剤が残らないように流して扇風機で乾燥させましょう。柴犬は上毛と下毛があるダブルコートで、十分に乾くまで時間がかかるため、ブラッシングをしながら丁寧に乾かしましょう。また、湿気が残ると皮膚が蒸れる原因になるので、雨天の散歩で濡れた時にはしっかり乾かし、清潔に保つことを習慣にしましょう。

アトピー性皮膚炎

症 状

柴犬は皮膚がデリケートな傾向がある犬種です。刺激を受けやすく反応しやすい皮膚を持っているので、皮膚疾患には注意が必要です。中でもアトピー性皮膚炎は比較的よく見られます。発症のきっかけは生まれ持った体質によって変わりますが、何らかの刺激が原因で、完治は難しいといわれています。発症年齢は生後6ヶ月〜4歳未満で、ほぼ1年中発症します。激しいかゆみから赤く腫れたり、ただれたり、色素沈着、皮膚が硬く、分厚くなるなどの症状が現れます。さらに、かゆみが大きなストレスとなり、食欲不振、睡眠不足、精神的な問題などを招く恐れがあります。

治 療

かゆみを軽減するため、かゆみを抑える効果が高いステロイド剤を投与。加えてかゆみの元のひとつであるヒスタミンの働きを抑え、精神を落ち着かせる効果がある抗ヒスタミン剤や免疫を抑制するシクロスポリンを投与します。併用することでステロイド剤の投薬量を減らし、副作用を防止することに役立ちます。また、ブラッシングやシャンプー、掃除、換気、洗濯などをこまめに行いましょう。薬による治療と生活の中での刺激物の排除が、改善と予防に有効です。

食餌《しょくじ》アレルギー

症状

　実際の発症例はそれほど多くはありませんが、どんな犬でも特定の食物成分にアレルギー反応を起こして、発症する可能性があります。発症時期は年齢に関係ありません。脱毛や皮膚のかゆみが主な症状で、時に慢性下痢などの胃腸障害を起こしていることもあります。また、治りにくい外耳炎やアトピー性皮膚炎の悪化要因として、食餌アレルギーが関連しているといわれています。

治療

　アレルゲンとなる食物成分の特定をするため、数ヶ月間に渡って食事制限テストを実行しましょう。今まで一度も与えたことがない食物を与え、かゆみなどの症状が軽減するかをチェックします。正確な試験方法は、獣医師に聞きましょう。テスト実施中は与えている食事以外厳禁。テストの結果、アレルゲンが特定されたら、その成分を含む食材は絶対に与えないことが重要です。また、血液によるアレルギーテストで陽性と出た食材に関しては、負荷テストを実施しなくては正確な判断が難しいことがあります。

膿皮症《のうひしょう》

症状

　4歳未満あるいは10歳以上の犬に見られ、皮膚に赤色やクリーム色のニキビのような発疹が局所、あるいは全身性にできます。かゆみはほとんどありません。また、アトピー性皮膚炎などは悪化要因となり、悪性腫瘍や免疫異常は発症要因となります。若い犬に発症した場合は心配ありませんが、4歳以上で全身性に発症した場合は、背景に重篤な病気がひそんでいるので、発症の原因を究明する必要があります。

治療

　殺菌効果のある薬用シャンプーによる薬浴、または適切な抗生物質の1週間以上投与のいずれか、あるいは併用によって治療します。また、効率よく治療するために、細菌の薬剤感受性試験を行うこともあります。

焦りは禁物。
気長に、
根気よく！

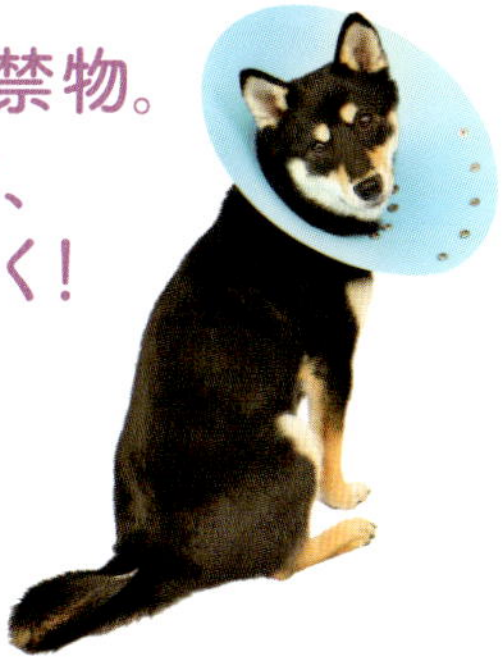

生活の中で清潔を保つことが基本

乳《にゅう》腺《せん》炎《えん》（メス）

症 状

乳汁を作り出す乳腺に炎症を起こす病気で、出産後の授乳期に乳汁が過剰に分泌されて目詰りを起こした時や、子犬の歯や爪の細菌が乳頭口から侵入して発症します。また、発情後や偽妊娠でも乳腺炎にかかることもあり、乳腺が熱を持ったり、腫れたりします。重度になると発熱、元気がなくなる、食欲不振、しこりに痛みを感じ、触られるのを嫌がったりします。また、乳腺から黄色い乳汁が出ることもあります。

治 療

患部を冷却して血液の流入を減らし炎症を軽減します。また、授乳中の場合、乳汁に細菌が含まれている危険性もあるので授乳を中止し、安全のために人工授乳に切り替えます。さらに細菌を特定し、最も効果的な抗生物質の投与や消炎剤、ホルモン剤などを投与することもあります。自潰（化膿して崩れた状態）した場合など重度のケースでは、獣医師の判断を仰ぎ、乳腺の切除手術を行ってもいいでしょう。予防のためには、若く健康な時期に避妊手術を行うことが有効です。

子《し》宮《きゅう》蓄《ちく》膿《のう》症《しょう》（メス）

症 状

大腸菌などの細菌が子宮内に侵入して内部が炎症を起こし、膿が溜まる病気で、避妊手術をしていない、出産経験がない7歳以上のメスは要注意です。特に発情期が始まって2ヶ月頃の黄体期に発症することが多いのも特徴的です。開放性と閉鎖性の2タイプがあり、閉鎖性の場合、お腹が膨らみ、食欲不振、多飲多尿になり、さらに悪化すると頻繁に嘔吐する、吐息が尿臭い、けいれんなどの症状が現れます。そして、発症してから2週間以内に死亡することもあります。

治 療

内科的治療法として、子宮頚管を開いて、子宮に溜まった膿を排出する作用のある薬剤を注射します。同時に、細菌の繁殖を抑える抗生物質を長期に渡り投与します。しかし、次の発情期で再発する可能性もあります。最善の方法は、手術によって卵巣と膿の溜まった子宮を切除する外科的治療法です。獣医師の判断を仰ぎ、指示に従うことをオススメします。予防策としては、子宮感染症を排除できる避妊手術です。若くて健康な時期に避妊手術を行えば、体への負担やリスクを最小限に抑えられて安心です。

肛門嚢炎《こうもんのうえん》

症状

肛門周囲が汚れていて細菌感染を起こす、肛門嚢開口部の閉塞などにより、肛門近くにある肛門嚢（におい袋）が炎症を起こす病気です。肛門嚢の位置は、時計に見立てると針が8時20分を差すあたりです。炎症が起きるとお尻をかゆがる、舐めるなどの行動が見られ、やがて肛門周辺に腫れや赤みが見られ、さらに強い痛みが襲い、ついには破裂して排膿します。発症に年齢は関係ありません。

治療

軽度の場合は圧迫排泄するだけです。圧迫排泄しても肛門嚢液が出ない、または破裂した場合は、抗生物質と消炎剤を使用して化膿を抑えます。重度の場合には肛門嚢の摘出手術を行います。日常的に1ヶ月に1度くらいの割合で、肛門嚢液を絞り出してあげることで概ね予防できます。再発を繰り返さないためにもお手入れを怠らないことが大切です。難しい場合は動物病院で処置してもらうことをオススメします。

前立腺《ぜんりつせん》肥《ひ》大症《だいしょう》（オス）

症状

加齢により精巣の働きが衰え、精巣ホルモンのバランスが崩れることにより、前立腺が大きく腫れて大腸や尿道が圧迫される病気です。去勢手術をしていない5歳以上のオスに見られ、加齢とともに発症しやすくなります。初期には症状がほとんど見られませんが、病気が進行すると排便が困難になり、さらに悪化すると排尿も困難になります。

治療

症状が軽い段階では、精巣ホルモンの働きを抑制するホルモン剤を投与する内科的治療法があります。しかし、最も効果的なのは、睾丸を取り除く去勢手術です。また、前立腺が腫瘍化した前立腺ガンでは摘出手術を行う場合もあります。

膀胱炎《ぼうこうえん》・尿道炎《にょうどうえん》（オス・メス）／前立腺炎《ぜんりつせんえん》（オス）

症状

膀胱炎、尿道炎、前立腺炎は、いずれも細菌の感染など、何らかの原因によって泌尿器系や生殖器系に炎症が起きる病気です。血尿が出る、尿の色が濃い、濁っている、ニオイが強い、水を大量に飲む、食欲不振、下腹部の痛みがあります。また、生殖器を気にして舐めることもあります。

治療

確定診断をするため尿検査が必要です。膀胱炎の原因になっている細菌を特定し、効果がある最適な抗生物質を投与します。日頃から陰部を清潔に保ち、排尿を我慢させないことが大切です。また、愛犬のちょっとした変化を見逃さないよう、陰部や尿の様子をよく観察することも忘れずに。

7歳を過ぎたら、半年に1回定期健康診断を受けましょう

僧《そう》帽《ぼう》弁《べん》閉《へい》鎖《さ》不《ふ》全《ぜん》症《しょう》

症 状

心臓の左心房と左心室の間にある僧帽弁は、血液が逆流しないように重要な役割を果たします。この弁が障害をきたし僧帽弁閉鎖不全症を引き起こします。中年期から弁の疾患は進行していますが、症状が現れるのは 10 歳以上のシニア期に入ってから。咳が出る、運動や散歩を嫌がる、呼吸が荒いなどの症状が見られ、末期には昏睡状態に陥り、さらに肺水腫により死亡することも多いといわれています。

治 療

レントゲン、エコー、心電図などで検査しますが、効果的な治療法や予防法がないのが実情です。症状改善のため、血管を拡張させる薬、心臓の収縮を高める薬、体内の余分な水分を減少させる利尿作用のある薬などを投与する場合もあります。食事療法として心臓病用の療法食を与えるといいでしょう。散歩やシャンプーは心臓に負担をかけるため、頻繁に行わず、獣医師に相談しましょう。

悪《あく》性《せい》腫《しゅ》瘍《よう》（ガン）

症 状

体の様々な所にできる腫瘍（しこり、細胞のかたまり）には、良性と悪性があります。良性の物は基本的に命に関わることはありません。悪性の物はガンや肉腫と呼ばれ、転移して広がりそして命に関わります。腫瘍の種類や発生した所によって症状は様々です。例えば、柴犬に多い悪性黒色腫の場合、見えにくい口の奥に発生すると口臭が強くなり、約1ヶ月で肺に転移し、数ヶ月後には呼吸困難を起こして死亡します。しかし、皮膚にできた悪性黒色種の中には、悪性であっても転移せずにじっとしていることもあるのです。小さなしこりに気づいたら、できるだけ早く動物病院を受診しましょう。

治 療

しこりを見つけた場合、血液検査、レントゲン検査、内視鏡検査、超音波検査などを行った後に、生検またはしこりの摘出手術を行い、病理検査で腫瘍か否かを特定。もし腫瘍なら種類を特定します。悪性腫瘍と診断された場合、治療法の選択について獣医師から詳しい話がありますので、よく相談して治療法を決めます。悪性腫瘍は根治が難しいので、全身症状を改善しながら症状を緩和して生活することが治療の目標となります。ガンは早期発見、早期治療がとても重要です。日頃から全身を見て触って、もし米粒大であってもしこりを見つけたら、早めに動物病院を受診してください。柴犬は毛に厚みがあるため、軽く撫でるだけではわからないこともあります。ただし、しこりをもむと内部の組織が壊れ、ガンが体内に散って転移することもあります。見つけた時は強く触れないようにしましょう。

認知症《にんちしょう》

症状

老化に伴い、脳の萎縮や毒性のある物質が沈着すると、脳の機能が低下し様々な痴呆の症状を引き起こします。11歳頃から現れ始め、加齢と共に増加する傾向にあります。認知症が疑われるサインとして、夜鳴き、円を描くように徘徊する、名前を呼んでも反応しない、狭い所に頭を入れてバックできない、食欲旺盛で、よく寝て、下痢もしないのにやせる、尿失禁、頻繁に震える、活動性の低下、知っているはずの指示を無視するなど様々です。

治療

脳の働きを活性化させるDHAやEPAなどの脂肪酸成分を含む処方食やサプリメントを与えることで、治療の効果が期待できます。また、活性酸素を抑え、免疫力がアップするビタミンEなどを摂取することも有効です。さらに、日常生活の中で脳に酸素を送り、脳神経を刺激することが予防につながります。適度な運動や散歩によって筋肉の衰えを防止し、声がけ、撫でるなどのスキンシップも効果的です。少しでも認知症の症状が現れ始めたら、かかりつけの獣医師の診察を受けるようにしましょう。

甲状腺機能低下症《こうじょうせんきのうていかしょう》

症状

喉にある甲状腺から分泌される甲状腺ホルモンは、体の代謝を調節する役割を担っています。この甲状腺ホルモンの分泌量が減少すると、体の様々な部分に影響を及ぼします。元気がなくなる、寒がる、ぼんやりする、体重が増加する、左右対称の脱毛、色素沈着、皮膚の乾燥、脈拍が弱まる、貧血などの症状が現れます。また神経にも影響を与え、てんかん発作、平衡感覚障害など行動に変化が生じる場合もあります。

治療

主な原因は自己免疫疾患による甲状腺の萎縮、クッシング症候群の影響などが挙げられます。治療は、体の中で作れなくなった甲状腺ホルモンを補充するために、甲状腺ホルモン剤の投与を行います。この薬は生涯必要不可欠ですが、必ず獣医師の指示にしたがい、ホルモンの量をチェックして、適量をコントロールしながら与えることが重要です。年齢のせいだと思わず、愛犬の体調や行動の変化を日頃からよく観察しましょう。

必ず役立つ!

もしもの時の応急処置法

病気やケガなど突然のアクシデントに遭遇しても慌てず、冷静に対応できるよう、状況別に応急処置法をマスターしておくと安心です。

もしもの場合に備えて転ばぬ先の杖を心がけましょう

愛犬がのどに異物を詰まらせたり、骨折したり、切り傷や噛み傷で大量出血したり、予期せぬアクシデントに見舞われることがあります。そんな時に焦らず迅速に対処して、愛犬の命を守ってあげましょう。

ケガや病気など、どんな場合でも動物病院に連れて行くことが鉄則です。まずは、動物病院に連絡を取り、状況を説明してから次の行動に移りましょう。その時、一番身近にいる飼い主さんができる応急処置法を覚えておくと、もしもの場合に役に立ち、安心です。

いざという時のために、動物病院の電話番号をわかりやすい場所に貼っておいたり、携帯電話に登録しておくと慌てずにすみます。また、応急処置をする際に、激しい痛みで興奮した犬に飼い主さんが噛まれないように細心の注意を払うことも忘れずに。

● 噛まれないために

※日頃からオヤツなどを使って慣らしておきましょう。

ヒモで口輪を作ります

ヒモで犬の口が入る程の輪を作り輪の部分に犬の口を入れ、口が開かない程度に閉めたら結び目を口の下にずらします。口の下から耳の後ろへヒモの端を持っていき後ろで結びます。

市販の口輪を用意

ワンタッチ留め具が付いた市販の口輪を用意しておけば、簡単に装着できて安心。首まわりのサイズ調整が可能なのでジャストフィットして着け心地も快適。

➡ 足を切った・噛まれた

出血を最小限に留めて速やかに動物病院へ

散歩中に肉球を切ってしまったり、出会い頭に犬と遭遇して思わずケンカになり噛まれてしまったり、思わぬところでケガに遭っても慌てずに対処しましょう。切った場所や噛まれた場所によっては、大量に出血することがあります。その際、出血を最小限に抑えてあげるため、ヒモやハンカチなどで傷口より上の部分を強く締めすぎず縛ってあげるといいでしょう。また、手元に何もない場合は、手で押さえるだけでも効果的です。

犬の様子

- 出血する
- 動かなくなる
- 触ると痛がる
- 震える

役立つもの

- ハンカチ（バンダナ）
- ガムテープ
- 細いヒモ
- 毛布

ガムテープで処置

傷口をテープで巻きます

足先もグルリと巻きます

肉球を切ってしまったら、出血を抑えるため、傷口を押さえてから粘着性の強いガムテープで、傷口を塞ぐようにして、足先を巻きます。余裕があれば傷口にガーゼを当てますが、ない場合は直接テープを巻くだけでOK。傷口に触れないよう注意して、動物病院へ行きましょう。

ハンカチで処置

色々な使い方ができて便利

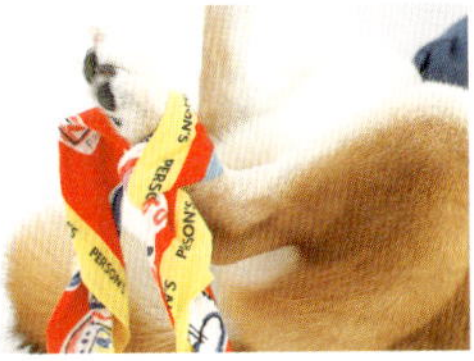

軽度の出血の場合は、ハンカチやバンダナで傷口を抑えます。また、ハンカチを細長く折り畳み、包帯代わりにすることも可能。きつく締めすぎず、抜けない程度がベスト。ヒモと同様に出血部より上部で縛るのにも役立ちます。出血している部分を処置したら、直ちに動物病院に行きましょう。

抱っこする際には傷口に触らないよう注意して、毛布を体に巻くと安全。

ヒモで処置

出血部より上部を縛ります

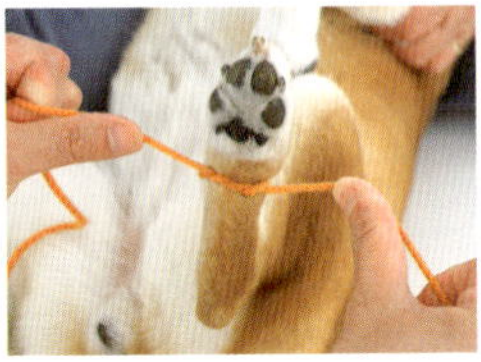

血が滴り落ちている場合、出血部分より少し上部をヒモで縛って、少しでも出血を抑えます。ヒモを縛るポイントは、血が多少にじむ程度を目安に、きつく締めすぎないこと。また、ヒモが抜けないよう、2重に回して止めておきます。そうして、速やかに動物病院へ行くことが大切です。

縛る時間は10～15分程度。きつく締めすぎて、長時間放置しておくと、縛った先の部分が壊死する場合もあるので十分注意しましょう。

のどに異物がつまった

慌てずに対応できるよう対処法を覚えておくと便利

肉の塊や果物など3㎝くらいのものは、のどに詰まらせる可能性があります。のどに異物を詰まらせて苦しがって、暴れている場合は、すぐに動物病院に直行してください。また、呼吸が苦しそうで意識が混濁していて、動物病院まで連れて行く間に最悪の状態を招く可能性があると判断したならば、応急処置を施すことが賢明です。さらに、電話で獣医師に連絡を取り、指示を仰ぐと、より安心です。

犬の様子

[食道の場合]
- 吐く
- 泡を吹く
- オエッと苦しそうに首をのけぞらせる

[気管の場合]
- もがき苦しむ
- のたうち回る
- 吐く
- 舌の色が紫色になる
- 意識が混濁する
- 白目をむく

役立つもの

- 長い棒（はたき棒など）
- ホース
- オキシドール
- 食塩水

意識がある場合

オキシドールを倍の水で薄めるか原液のまま、大さじスプーンで吐くまで飲ませます。ただし10杯まで。心臓が悪い犬やシニア犬以外の場合ならば、スプーン1～2杯を限度に食塩水でもOK。

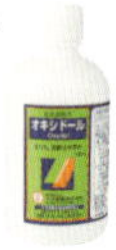

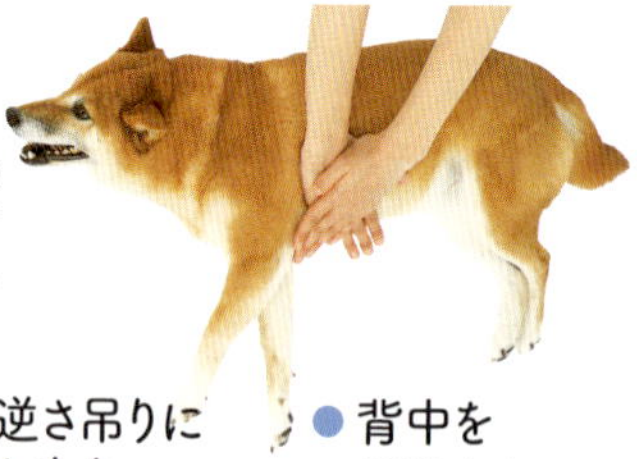

● 胸を押します

呼吸困難になり、意識が遠のいていたら、体を横に寝かせて胸の部分を適度な力を入れて、両手で押してあげます。

● ホースを押し込みます

長さ1mくらいの細めのホースを、ゆっくり口から入れて詰まっているものを押し込みます。はたき棒などで代用も可。

● 逆さ吊りにします

食道に物が詰まって、泡を吹いていたら、お腹部分をしっかり抱えて、逆さ吊りにして犬の体を上下に揺すります。

● 背中を叩きます

逆さに抱きかかえて、頭を下にしたら、犬の背中を手のひらでポンポンと様子を見ながら叩いてあげます。

※ここで紹介したのは意識が混濁し、命の危険を感じ、一刻の猶予もないと判断した場合に限った処置法です。自己責任の元で行ってください。

骨折をした

応急処置は不要 何もせずに動物病院へ

骨折をしていると激しい痛みのため、愛犬が思わぬ行動に出て飼い主さんが噛まれる場合がありますので注意が必要です。できたら応急処置を施さずに患部がブラブラした状態のままでも慌てずに、毛布にそっと包んで動物病院に直行するのがイチバンです。

骨折の判断ができない場合は、1時間ほど様子を見て、足を引きずっていたら、必ず動物病院で受診しましょう。

犬の様子

- 触ると痛がる
- 動かすと痛がる
- 震える
- ブラブラした状態（足の場合）
- 腫れる

役立つもの

- 毛布
- シーツ

突然倒れた

犬の様子
- 倒れる

役立つもの
- 毛布

待ったなし！すぐに動物病院に駆けつけましょう

ついさっきまで普通にしていたのに前ぶれもなく倒れた。外出先であれ、家の中であれ、突然倒れてしまったら驚くのも無理はありません。意識がある、なしに関わらず、すぐに動物病院に連れて行きましょう。特に意識がない場合は命の危険性もあるので緊急を要します。体温保持のため、毛布やシーツに包んで、速やかに運ぶことが重要です。

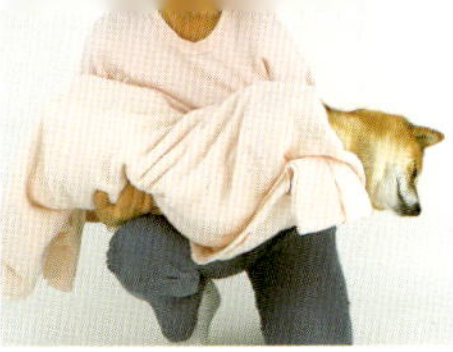
意識のある、なしに関係なく毛布に包んで温めます。

目に異物が入った

犬の様子
- 目が開かない
- 涙がでる

役立つもの
- 目薬
- コンタクト洗浄液（人間用）

目薬で洗い流して素早く異物を取ります

眼の表面に異物が付いていたら手で取るか、動物病院で処方された抗生物質などの目薬で洗い流します。逆に人間のメントール入りの目薬は刺激が強過ぎるため、使用するのは避けましょう。異物が結膜の下など、簡単に取れない場所に入ってしまったら、必ず、動物病院で治療することをオススメします。

消毒効果の成分が配合されている人間用のコンタクトレンズの洗浄液で眼を洗うのもOK。

虫刺され・ヘビに噛まれる

犬の様子
- 傷跡がひとつ（虫の場合）
- 傷跡がふたつ（ヘビの場合）
- 出血
- 腫れる

役立つもの
- 副腎皮質ホルモンや消炎剤入りのぬり薬

草むらや藪の中はご用心 ぬり薬をぬって緊急対処

虫の中でも特に怖いのがミツバチです。集団で襲われてしまったり、ミツバチの針が体の中で折れてしまい、アナフィラキシーショックに陥り死亡するケースもあります。ヘビの場合も同様で噛まれた場所が腫れたりします。すぐに動物病院に行くことをオススメしますが、応急処置として副腎皮質ホルモンや消炎剤入りのぬり薬で対応してください。

ぬり薬は常備しておくと、もしもの時に安心。

薬のさし方、ぬり方、のませ方

動物病院で処方される犬の薬は、さす薬、ぬる薬、のむ薬に分けられます。それぞれの正しい使用方法と犬が嫌がった場合の注意事項を紹介しましょう。

さす薬

犬の視界に入らない位置から使用します

さす薬は、目、耳、鼻の薬やスポットオンタイプのノミ・ダニ駆除薬などです。犬の視界に入らない位置から素早く使用。難しい場合は２人で行います。薬をさす人と犬を固定する人に分かれて実践しましょう。

どうしてもさせない時は？

犬が動く時はエリザベスカラーを利用します。犬の後頭部の方からエリザベスカラーをつまんで顔を固定して素早くさします。

目薬

軟膏タイプ

パターン A

薬を持ってから犬の顔を横から固定し上まぶたを少し持ち上げ、薬を目に多めにのせます。

パターン B

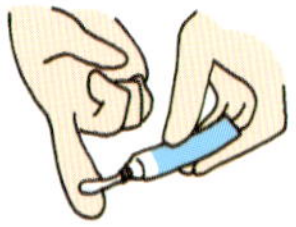

薬をソフトクリームのように指に出します。容器の先端は指に接触させないように。

指に出した薬を目に素早くのせます。目に雑菌が入らないように指は接触させないこと。

液体タイプ

1

薬を持って用意してから、犬の顔を横から固定して上まぶたを少し持ち上げます。

2

上まぶたをさらに持ち上げて目を大きく開かせ、犬の視界に入らぬよう真上からさします。

3

薬を真上からさしにくい場合は目尻の横からさします。容器が目に触れないように注意を。

ノミ・ダニ駆除薬

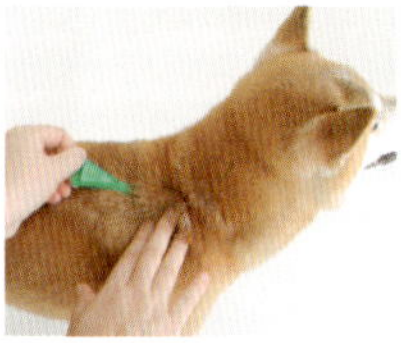

少量ずつ数回に分けて垂らします

首の被毛を分けて皮膚を出して、駆除薬を少量ずつ数回に分けて使用。犬が舐められない背中や首に垂らします。

点耳薬

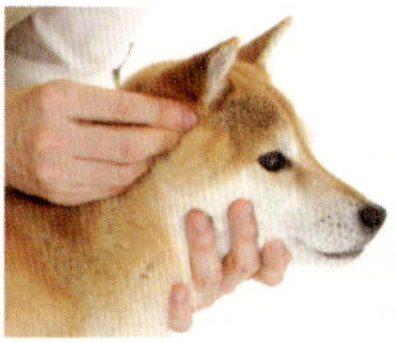

薬は耳のくぼみに沿って垂らします

耳の中が見えるように押さえて、内側のくぼみに沿って薬を素早く垂らします。耳のつけ根を数回もんでから垂れた分を拭き取ります。

のむ薬

口を触られることに慣らしておきましょう

錠剤、粉薬、液体、カプセルなど薬の種類も様々です。処方された薬は必ずのみきることが大切です。日頃から口を触られることを嫌がらないように練習しておくことが大切です。

1

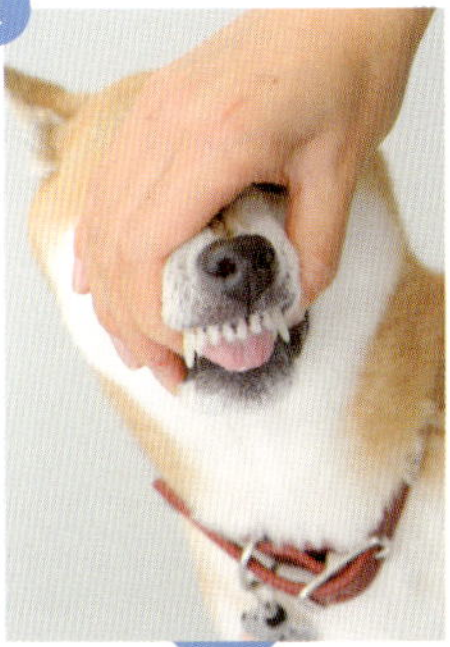

マズルの上から上あごを持ちます。位置は犬歯の後ろあたり。唇を巻き込むようにつかむと歯が当たりません。

2

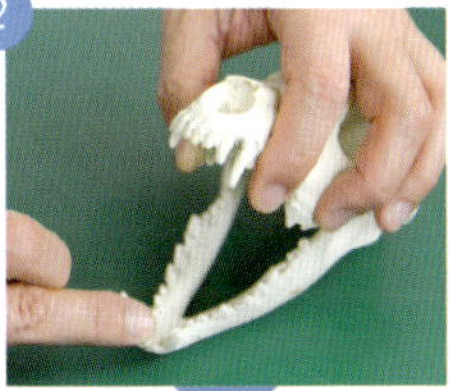

空いている手の親指と人さし指で薬を持ち、その他の指で下あご（下の前歯の内側）を押して口をさらに開けさせます。

3

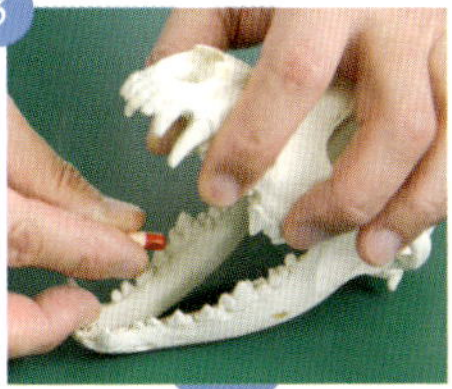

上あごを持った手は固定します。親指と人さし指で持っている薬を口の奥に入れます。空いている指で下あごは押さえて。

4

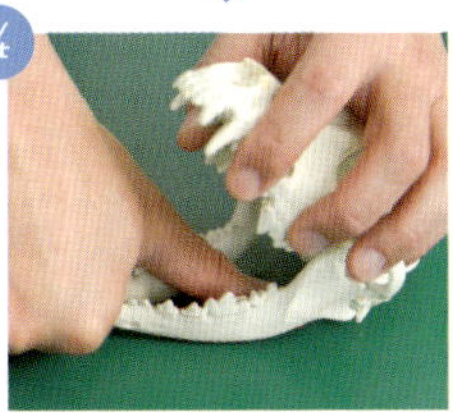

口に入れた薬を親指で奥へ押し込み、上あごを持った手を後頭部に移動し前へ押し出すようにすれば、のどまで入れられます。

どうしてものまない時は？

アイデア 1

服薬用のタブで薬を包んで与える

動物病院で服薬用のタブ（やわらかいオヤツ）を処方してもらいます。タブで薬を包み込んで与えます。

アイデア 2

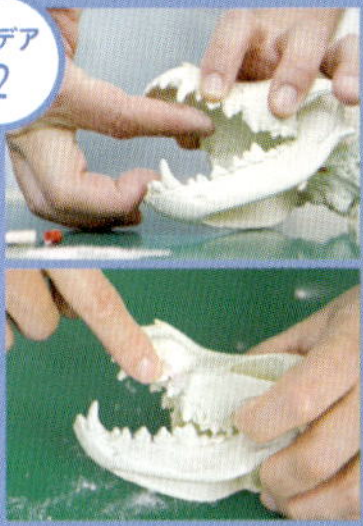

粉末の薬は溶かしてあごや歯茎にぬる

粉末の薬をのませる時は、最初に清潔な食器に出します。カプセルは割って中身の粉末を出し、指に蜂蜜や水をつけて薬を溶かし、上あごの内側や歯ぐきの外側など、犬が舐めやすい場所につけます。

ぬる薬

ぬる時の指の動きに注意しましょう

ぬる薬は主に皮膚の治療に使われ、ローションタイプと軟膏があります。指や綿棒につけて使用します。症状によってぬる方向に注意が必要です。また、人の指に触れると人体に影響が出る薬もあるので、使用の際は獣医師の注意を守りましょう。

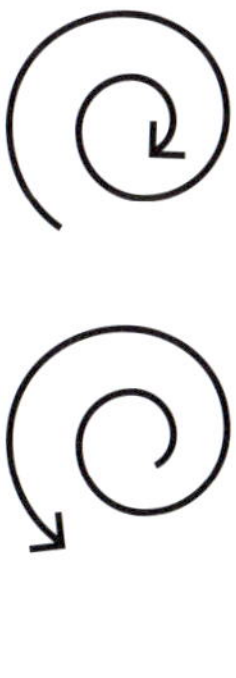

感染症の場合は、患部が広がらないように内側に向かってぬります。

感染症以外は外側に向かってぬってもOK。ぬりやすい方向で。

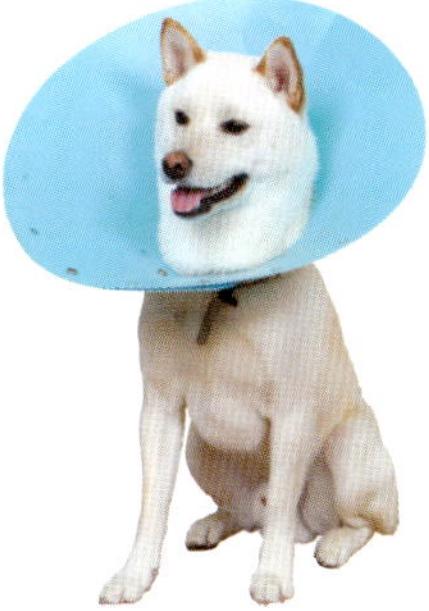

去勢や避妊のことをきちんと理解しよう

オスの去勢手術とメスの避妊手術には、いろいろなメリットとデメリットがあります。愛犬の健康状態を動物病院で相談して各家庭の飼い方に合わせて考えましょう。

メリットとデメリットを理解して検討しましょう

犬は生後8ヶ月頃から性成熟期が始まります。人の第二次性徴期にあたるものです。メスは初めての発情期を迎え、陰部が腫れて出血が見られるようになり、妊娠が可能になります。オスは優位性の主張が強くなり、散歩中にいろいろな場所で排泄するマーキングを始めます。また、メスの発情期のニオイに刺激されて、しつこく追いかける、マウンティングをする、食欲が落ちるなどの変化が見られる場合もあります。

手術の意味や目的を理解した上で、不妊手術の有無を検討しましょう。

オスの場合は去勢手術で精巣を摘出、メスは避妊手術で卵巣と子宮を摘出することで、望まない妊娠を避けることができます。また、性ホルモンが出なくなるため、性ホルモンに由来する疾患の治療に役立ちます。性成熟期前であれば生殖器などの病気の予防も可能です。その一方で、交配や出産はできなくなります。また、ホルモンは様々な種類が相互に関係しているため、術後に体調や体質が変化する場合もあります。年齢や犬の体調によっては、全身麻酔の手術であるリスクも考慮しましょう。手術との関係は解明されていませんが、一般的に手術後は肥満になりやすい傾向も見られます。不妊手術の有無は愛犬の健康状態を動物病院で相談しながら、それぞれの家庭の考えに基づいて検討していきましょう。

メス

避妊しない場合

避妊手術を受けないメスは、生後8ヶ月前後に最初の発情期を迎えます。それ以降、およそ7ヶ月の周期で2週間前後の発情期を繰り返します。陰部が腫れて出血した後が妊娠しやすい時期。多数の犬が集まるドッグランやドッグカフェなどの利用は避けるのがマナー。施設によっては発情期のメスは利用できない場合もあります。また、室内で暮らしている場合、出血している時期は汚れを防ぐために掃除やパンツなどが必要になることも。

避妊手術とは

卵巣（もしくは卵巣と子宮）を摘出する手術。開腹手術なので入院することも。性成熟期前に行えば性ホルモンが関係する乳がんなどの病気は高確率で予防でき、卵巣と子宮の病気は防げます。発情期の体調の変化がなくなるのでストレスも解消されます。

オス

去勢しない場合

去勢手術を受けないオスは、生後6ヶ月頃からオスらしい行動が始まります。例えば、発情期のメスへの反応、優位性の主張、など。成長と共にオスらしい貫禄を身につけていきます。近隣のメスが発情期を迎えた時に吠え続ける、ストレスで食欲がなくなる、脱走して会いに行く、などの困った行動が見られる場合もあります。また、優位性の主張などが原因で、散歩中に犬同士のトラブルが起きることもあるので注意しましょう。

去勢手術とは

精巣を摘出する手術。開腹手術ではないので日帰りが可能です。性ホルモンが関係する前立腺や精巣の病気を予防でき、メスの発情期へのストレスがなくなります。優位性の主張やマーキングも減少。これらは性成熟期前に手術を行った方が効果大。

手術した方がよい場合

メスの場合、糖尿病を発症した犬は発情期のたびに症状が悪化していくので、早期の避妊手術が必要です。オスの場合、前立腺肥大や会陰ヘルニアを発症した犬は治療のためにも去勢手術を行います。性ホルモンが関係する皮膚疾患の犬は、不妊手術で症状が改善する可能性があります。

手術の目的

性成熟期前であれば生殖器や性ホルモンや病気を予防でき、メスの発情期に由来する困った行動を減らせます。また、望まない妊娠を避けることができます。すでに生殖器や性ホルモンなどに関係する病気を発症している犬は、不妊手術でそれらの治療が可能なことも。

オス 去勢手術の手順

麻酔の1〜7は共通

メス 避妊手術の手順

麻酔の1〜7は共通

麻酔（共通） 《 **切る**／**開腹**

1 前処置薬を投与

鎮静効果がある前処置薬を投与する。麻酔を行う時に犬の不安や痛みをやわらげ、麻酔の負担を軽減できる。

2 酸素化

前処置薬によって犬がぼんやりしてきたら、高濃度の酸素を吸わせる酸素化の処置。低酸素状態を防ぎ、麻酔の導入をスムーズにする。

3 導入・挿管・維持麻酔

注射や吸入で導入のための麻酔を投与する。気管チューブで維持（全身）麻酔を投与。モニターで犬の状態の確認開始。

4 お腹の毛を刈る

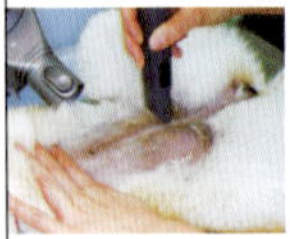

手術中に見えやすく清潔な状態にするため、お腹の毛をバリカンで剃る。落ち着いている犬は事前に剃る場合もある。

5 お腹を消毒する

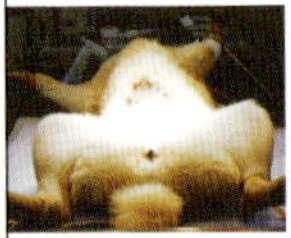

術部であるお腹を消毒。切開したところから雑菌が入らないように徹底して行う。特にメスは開腹手術なので重要。

6 医師の手を消毒する

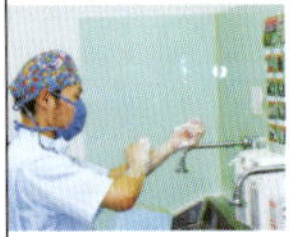

術部の消毒が終わったら、医師の手も徹底的に消毒、滅菌を行う。手術用のシリコン製の手袋を装着する。

7 有窓布をかける／器具の用意

手術中に術部以外が汚れないように、術部だけ穴があいたドレープ（有窓布）をかける。必要な器具の最終確認をする。

オス

8 包皮と陰のうの間を切る

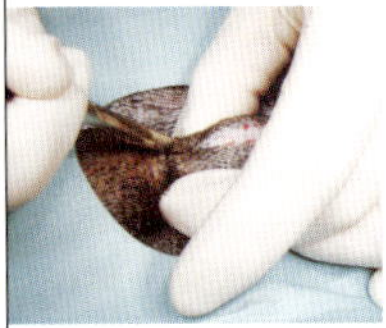

包皮と陰のうの間を切開する。位置は中心。精巣の大きさによって切開の長さは異なるが、柴犬の場合は1.5〜2cm程度。

9 精巣を押し出す

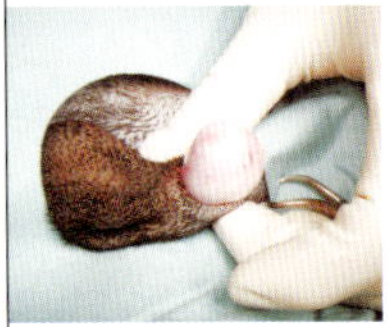

切開したところから、左右にある2つの精巣（および精巣上体）を指で1つずつ押し出す。切開は小さく一箇所で済む。

構造

精巣は陰のう皮膚に包まれている。手術は包皮（陰茎）と陰のう間（もしくは包皮のつけ根）を切開して精巣を摘出、血管と精管を糸で結ぶ。陰のうが大きい場合は全体を切除。

メス

8 へその下から切る

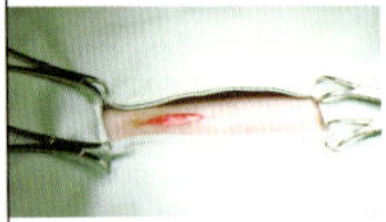

開腹手術なので皮膚と皮下組織、露出した腹膜まで切る。卵巣はへその左右にある。柴犬の場合、へその下から4〜6cmほど切開する。

9 開腹する

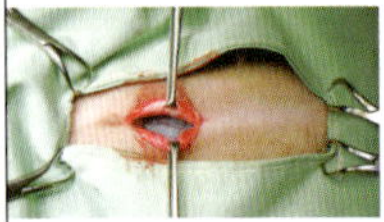

鉗子などの器具で開腹したところを広げる。卵巣のみ摘出する手術は開腹でも切開が小さくて済むので、負担が少なく回復が早い。愛犬に合わせて考えよう。

構造

卵巣は子宮と腎臓の間（腎臓に近い位置）にある。おへそから切開して卵巣を摘出。子宮も摘出する場合がある。

10 精巣を引っ張って出す

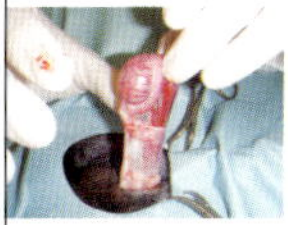

切開したところから押し出した精巣を少しずつ引っ張る。血管と精管はついた状態で体外に出す。

11 精巣を包む膜を切る

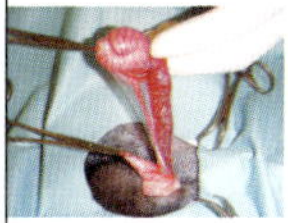

精巣を取り出した後、精巣を包んでいる膜（総しょう膜）を切開して、血管と精管を露出させる。

12 血管と精管を結ぶ

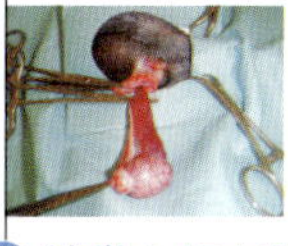

露出させた血管と精管を糸で結ぶ（結さつ）。糸は体内で溶けるものを使用するので、抜糸の必要はない。

13 精巣を切り離す

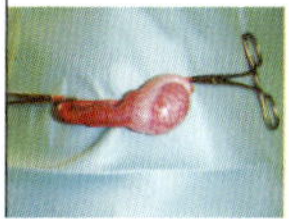

糸で結んだ部分から先をはさみで切って、精巣を切り離す。もう1つも同様の手順で行う。

14 血管と精管を体内に戻す

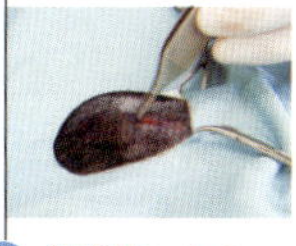

結さつした血管と精管を体内のもとの位置へ戻す。結さつしているので出血は極めて少ない。

15 切開したところを縫う

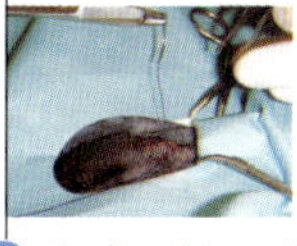

皮膚と膜をつないでいた皮下組織を糸で縫い、次に皮膚を縫ってふさぐ。切開は短いので跡が残りにくい。

16 皮膚を縫い終わる

皮下組織と皮膚を縫い終わって、切開したところが完全にふさがったら手術の手順はすべて終了する。

全身麻酔から覚めるまで
モニターで状態をチェック
覚めたら 終了

閉じる
閉腹
摘出

10 卵巣を引っ張って出す

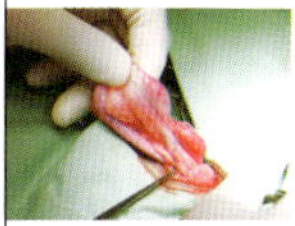

卵巣を1つずつ引っ張って出す。卵巣につながるじん帯、血管、子宮角（子宮の一部）を露出させる。

11 卵巣の両側を結ぶ

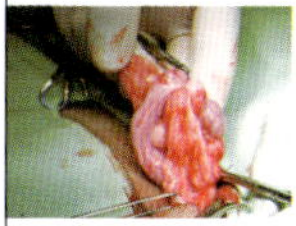

露出させたじん帯と血管、子宮角を糸で結ぶ。避妊手術はこれらを切るので、出血を抑えるために重要。

12 卵巣を摘出する

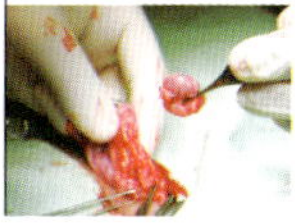

じん帯と血管、子宮角を糸で結んだ後、卵巣をはさみで切り離す。出血の状態を確認しながら行う。

13 子宮角などを体内へ戻す

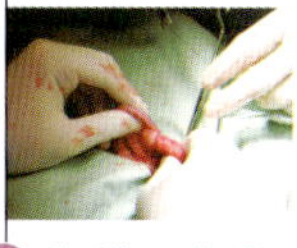

糸で結んで止血したじん帯と血管、子宮角を体内へ戻す。状態を確認しながら入れていく。

14 腹膜と皮膚を縫う

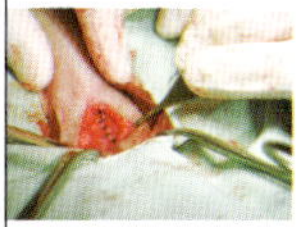

最初の手順とは逆に、腹膜、皮下組織、皮膚の順に縫ってふさいでいく。腹膜を縫わない場合もある。

15 皮膚を縫い終わる

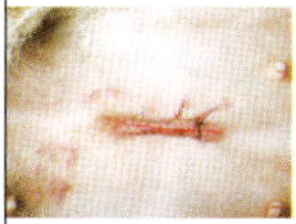

開腹手術なので、切開したところは状態を見ながら慎重にふさぐ。糸は自然に溶けるものを使用する。

全身麻酔から覚めるまで
モニターで状態をチェック
覚めたら 終了

COLUMN

肥満予防はきちんとした体重管理から

犬は人が与えたものを食べるので、
肥満を防ぐためには飼い主さんが
体重を適正に管理することが大切です。

肥満は様々な病気の要因になります

近年、柴犬の肥満が増えています。室内飼育で人と犬が一緒に過ごす時間が長くなった結果、人間の食べ物を与える機会が増えたことや、慢性の運動不足などが原因に挙げられるでしょう。しかし、肥満は万病のもと。犬は人が与えたものを食べて生きている動物なので、飼い主さんが責任を持って食事や愛犬の体重を管理することが大切です。

肥満になると、関節炎、糖尿病、心臓病のリスクが高まり、これらを発症した場合は呼吸器や心臓、肝臓などにも悪影響を及ぼします。日頃から愛犬の体をよく観察したり、脂肪の付き具合をこまめにチェックしましょう。

肥満のチェック方法ですが、太りすぎている犬は上から見た際に、背中が平らになっていたり、横から見た時にお腹が垂れているので足が短く見えるものです。また、背中や腰、首まわりを触ってみて、脂肪が容易に掴めてしまうようなら要注意。獣医師と相談しながらダイエットを行う必要があります。

しかし、犬のダイエットに無理は禁物。太った犬をいきなり走らせたりすると心臓や関節などに大きな負担を与えますので、適度な運動と食事の量を調整しながら、数ヶ月にわたって徐々に体重を落としていきます。ダイエット用のフードを利用したり、早く食べてしまう犬にはコングなどの知育オモチャにフードを入れたり、飼い主の手から1粒ずつ与えるなど、フードをゆっくり食べさせる工夫をしながら、家族全員で協力して愛犬のダイエットを根気よく行いましょう。

フードは年齢や体調に応じた量を、きちんと計って与えよう。

8

柴犬暮らしに役立つ情報

法律、ワクチン、災害時、脱走や迷子……、
いざという時のために把握しておきたいことなど。

新たに犬を迎えたら

法律で義務づけられている畜犬登録の手続きと、
狂犬病予防注射を接種します。交付された
鑑札と狂犬病予防注射済票は、首輪につけましょう。

鑑札と狂犬病予防注射済票の装着は法律で定められた義務

新たに犬を迎えたら、社会の一員として暮らすための手続きを行いましょう。国の法律で定められた「畜犬登録」と「狂犬病予防注射」は必ず行うことが大切です。これらは飼い主さんの義務として法律に明記されています。

畜犬登録は、住んでいる市区町村の保健所などに申請します。申請の期日は、迎えた犬が生後91日になった日から30日以内です。登録手数料（約３０００円）を支払い、鑑札を交付してもらいましょう。鑑札には、犬の登録番号と市区町村が刻印されています。

狂犬病予防注射は、毎年1回接種する必要があります。自治体が行う定期集合注射や動物病院で接種を受けると狂犬病予防注射済証明書を発行されます。これを市区町村の保健所などに持参して、狂犬病予防注射済票の発行手数料（約５００円）を支払い、手続きを行います。狂犬病予防注射済票には、鑑札とは異なる登録番号が記されています。

鑑札と狂犬病予防注射済票は犬の首輪などに装着することが法律で義務づけられています。これらの番号は国内にひとつだけのもので、愛犬の身元を証明する住民票の代わりになります。

鑑札と狂犬病予防注射済票の装着は、法律で定められた義務。人も犬も社会の一員として守りたい。

ウンチの放置は迷惑行為。細菌やウイルスがついて他の犬に感染することもある。

鑑札と狂犬病予防注射済票は自治体によってデザインが異なる。紛失した場合は再交付できる。

犬の首輪などに鑑札と狂犬病予防注射済票をつける。迷子になって保護された時にも役立つ。

住んでいる市区町村の犬に関する条例を確認します

国が定めた法律に加え、自治体が定める条例も守ることが大切です。条例は住んでいる市区町村によって変わるため、鑑札の交付手続きなどの際に確認しておきましょう。

犬の暮らしに特に関わる条例は、毎日のウンチの処理です。自治体によって異なりますが、汚物としてトイレに流す、燃えるごみに出す、などの方法があります。大阪府泉佐野市では、「泉佐野市環境美化推進条例」に基づき、犬のウンチを放置した飼い主から過料（罰金）を徴収をしています。また、飼い主への税金を課す条例を検討している自治体もあります。

その他、公共の場ではリードをつけ、周囲に迷惑をかけないように気をつけましょう。社会の一員としてルールとマナーを守って、誰からも愛される犬に育て、楽しく暮らしましょう。

日本で狂犬病が発生する危険が高まっています

畜犬登録の手続きを済ませた翌年から、毎年３月頃に狂犬病予防注射の通知が届きます。狂犬病はほぼ乳類に感染する病気で、発症した場合はほぼ確実に死に至ります。日本では約60年間に渡って発症していませんが、このような清浄国（地域）は世界でも日本を含めてわずか６つ。多くの国で毎年５万人が命を落としています。

日本でも発生する可能性があるため、「狂犬病予防法」に基づき、畜犬登録のデータをもとに毎年通知を発送しています。しかし、近年は畜犬登録の手続きをしない飼い主が増え、接種率が下がっています。もし日本で狂犬病が発生した場合、狂犬病予防注射を接種していない犬は、蔓延を防ぐために捕獲されます。人と犬を守るために毎年必ず接種しましょう。

ワクチンの基礎知識

様々な病気への免疫を作るためにワクチンを接種します。ワクチンの種類や接種の時期は、家庭に合わせて動物病院で相談しましょう。

子犬の時は3回程 成犬は毎年1回接種します

ワクチンは病原体（病気のウイルス）の毒素を弱めたものです。接種して体内に入れると、それらの病気に対抗する免疫が作られます。人の予防接種と同じ働きがあります。しかし、犬は人と異なって免疫が消えていくため、病気の予防のために定期的にワクチンを接種する必要があります。

子犬には母犬の授乳によって免疫が移行しますが、1〜3ヶ月程度で消えるため、免疫を保つために生後約2ヶ月から接種を開始します。母犬の免疫が残っている状態では、接種しても子犬が免疫を作りません。母犬の免疫が消えた時点での接種が理想ですが、消える時期は個体差があります。そのため、万全を期して子犬の時期は、約1ヶ月ごとに3回程度ワクチンを接種します。成犬になっても定期的に接種しましょう。

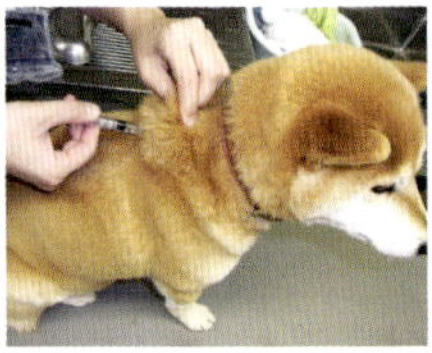

体内に病原体が入ると免疫が作られる。狂犬病予防注射も同じ。

予防するべき病気を動物病院で相談してワクチンを決めます

犬のワクチンで予防できる病気は主に7種類あります。ジステンパー、パルボウイルス感染症、伝染性肝炎、アデノウイルス2型感染症、パラインフルエンザ、レプトスピラ症（型は3種類）、コロナウイルス感染症です。これらの病原体が混ざったワクチンを「混合ワクチン」といいます。代表的な混合ワクチンは、ジステンパー、パルボウイルス感染症、伝染性肝炎、アデノウイルス2型感染症、パラインフルエンザを含む5種混合ワクチンです。特に危険な病気を集めたものです。

混合ワクチンに含まれる病原体の数が多いほど、たくさんの病気を予防できますが、生活環境によっては予防の必要がない病気もあります。接種する混合ワクチンは動物病院で相談しましょう。

災害時の備えを忘れずに

万が一に備えて、犬用の災害の備えも整えておきましょう。
ペットは同行避難が原則なので、
避難所での過ごし方も想定して練習します。

環境省のガイドラインでは犬は同行避難が原則です

災害の発生は予測が難しいため、万が一に備えて日頃の備えが重要です。犬の生活に必要なグッズをそろえておきましょう。

災害が起きた場合、家にとどまれない可能性もあります。避難する時には必ず犬を連れて行きましょう。環境省は2013年に「ペットは同行避難を原則とする」という指針を出しています。家族で日頃から災害時の対応について話し合っておくことが大切です。

避難所にも犬を連れて入所できますが、動物が苦手な人に配慮するため、犬は避難所の近くに設置される動物救護所で過ごします。もしくは、施設や友人に預けることになるかもしれません。クレートやケージの中で落ち着いて過ごす練習をしておきましょう。犬と離ればなれになってしまった時、無事に保護されるように、いろいろな人に慣れる社会化（P60）も進めておきます。

救援物資が届くまで3日以上かかるため多めに備えましょう

災害の備えに必要な犬のグッズは、ゴハン、水、トイレシーツ、クレートなどが挙げられます。家庭に合わせてアレンジして用意しておきましょう。救援物資が届くまで、3日から5日程度かかることが予測されるため、3日分以上は備えておきたいもの。特に服用している薬がある場合は多めに用意します。

フードは缶切りがなくても開けられるものに。

クレートは避難所に入所する場合は必須。

人用のペットボトルの水でOK。軟水を選ぶ。

トイレシーツは人用のトイレにもなる。

パニックになった時に注意する！

脱走や迷子を防ぐために

首輪が抜けた時や生活環境の隙間を見つけた時などに、
脱走してしまうことがあります。
再会できるように鑑札や迷子札を必ずつけましょう。

首輪が抜けた時やパニックになった時に脱走します

柴犬は慎重な性質を持ち、拘束や接触を好まない傾向もある犬種です。そのため、怖い物に遭遇した時や人の手を避ける時に後ずさりした拍子に、首輪が抜けてしまうことがあります。自由になったことが楽しくて、もしくはパニックになって、そのまま脱走してしまう犬もいます。このような犬は再び自由になるために、首輪を抜くことを繰り返すことがあります。柴犬は首が太いため、首輪がゆるんでいると抜けやすくなります。また、ハーネスは首輪よりも抜けやすい物もあります。安全のために、犬が身につける物はサイズが合って抜けにくい物を選びましょう。

首輪が抜ける事故に加え、生活環境からの脱走にも注意が必要です。室内であれば開いたドア、屋外であれば門や柵の隙間に気をつけましょう。柴犬の脱走は本能的な理由が多く、動く物を追いかけて出る、怖い物から逃げる、などが挙げられます。特に花火や雷を怖がる犬は、パニックを起こして普段では考えられない行動をします。雷が鳴った日の翌日は、自治体の動物愛護センター（収容施設）などに、脱走した犬に関する問い合わせが急増する傾向があります。脱走を防ぐために生活環境を見直しましょう。

花火や雷への恐怖は、本能ではなく学習の結果。花火大会や落雷をきっかけに突然怖がるようになることもある。

飼い主さんの連絡先が見てわかる迷子札と、体内に入れるマイクロチップがあれば安心。

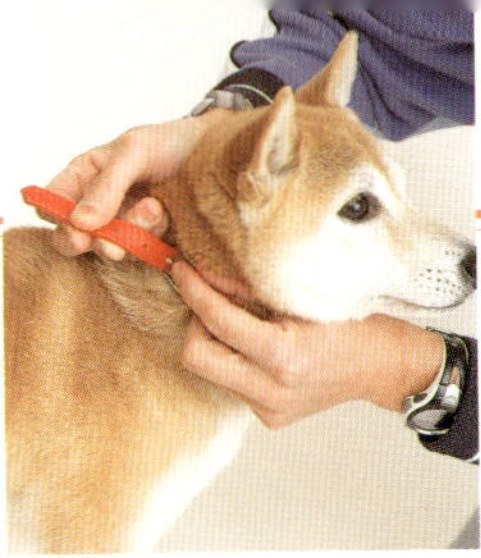

首輪は人の指が２本入る程度に調節。一見苦しそうに見えるが、この状態がベスト。

犬が越えられない高さの柵を設置。格子状の柵を登る場合は檻状の柵にして隙間もふさぐ。

迷子になっても再会できるように鑑札などをつけます

安全のために気を配っていても、事故や災害などで脱走してしまう可能性があります。迷子を防ぐために、犬には住民票代わりの「鑑札」と「狂犬病予防注射済票」を必ずつけておきます。

また飼い主の連絡先を記した「迷子札」や「マイクロチップ」も必要になります。

迷子札は飼い主の連絡先が見てわかるので、保護された場合に早めに連絡がくるはずです。

マイクロチップは、世界で唯一の番号を記した小さなカプセルです。注射器で動物の体内に入れます。その番号には飼い主と犬の情報が登録され、公益社団法人日本獣医師会が保管します。番号を読み取るためにはリーダーという専用の機器が必要です。

脱走した直後や犬を発見した時に呼び戻すために、「オイデ」の練習（Ｐ83）もしておきましょう。

犬の保護について公的な機関にも問い合わせをします

脱走した犬を見失った場合は、周辺の捜索を続けながら近隣の人から情報を集めます。そして、公的な機関にも犬の情報を問い合わせましょう。

動物愛護センターは動物の収容施設です。犬が保護された場合、その地域を管轄するセンターのウェブサイトなどで紹介されます。

警察署や保健所にも、犬を保護した人から情報が届けられることがあります。

清掃事務所は公共の場所にある動物の死体を処理します。交通事故などで亡くなったことも想定して問い合わせをします。

市区町村は鑑札と狂犬病予防注射済票の番号で飼い主の情報を登録しているので、つけていれば迷子になっても飼い主のもとへ戻れます。再会の可能性を高めるために、迷子札やマイクロチップもつけましょう。

賠償責任が発生することもある！

犬が事故を起こしたら

万が一、愛犬がよその人を噛んでしまったら……。その時の状況を冷静に判断し、慌てずに誠意をもった行動をとることが大切です。

被害者に誠意をもってお詫びをしましょう

犬が他者を噛んでケガをさせる咬傷事故は、防ぐことが最も大切です。人や犬と接触させる時には様子を見て、犬に緊張している様子が見られ、うなり始めたらすぐに離します。柴犬は攻撃の意図がなくても噛んでしまうことがあります。犬種の特徴を理解して、日頃から注意を払いましょう。

咬傷事故が起きたら、ただちに犬を引き離します。人が手や足を出すと噛まれる恐れがあるため、リードを全力で引っ張って遠ざかりましょう。犬が驚くような大声を出す、水をかける、などの方法もあります。

犬を離した後、被害者に誠意をもってお詫びします。けがをしている場合は病院や動物病院につき添います。傷口から細菌やウイルスが感染する恐れがあるため、軽症でも受診をすすめて同行しましょう。自治体によっては、咬傷事故の発生後に公的な機関への連絡や、動物病院で狂犬病の感染を調べる検査を義務づけています。市区町村の条例を確認しましょう。

事故によっては飼い主に賠償責任が発生します。ペット保険、自動車保険、火災保険の中には、賠償責任特約を付帯しているものもあります。加入している保険を見直して被害者の治療費や慰謝料に役立てましょう。

飼い主がやること

1. 愛犬を引き離します。他者から離れた所に係留して落ち着かせます。
2. 被害者に誠意をもってお詫びをします。互いのケガの状態を見て相手の病院につき添います。
3. 自治体の条例を確認して、公的な機関への連絡や動物病院での検査の有無を調べます。
4. 被害者へお詫びに行き、治療費や慰謝料の相談。賠償責任や保険の加入の有無を確認。

犬のタイプに合わせて考える！

犬を預ける時は

施設に預ける方法と、世話を依頼する方法があります。
犬のタイプに合わせて選び、安心して
過ごせるようにして準備をしてあげましょう。

犬のタイプに合わせて 2種類の方法を検討します

飼い主さんが一泊二日以上不在にする場合、犬だけの留守番は避けて預けることを検討しましょう。まずは、犬の負担が少ない預け方を考えることが大切です。フレンドリーなタイプは、生活環境の変化や他者に慣れやすいので、施設に預ける方が向いています。シャイなタイプは生活環境の変化や他者に慣れにくいので、家で留守番をさせて信頼できる人に世話を依頼する方が向いています。

施設に預ける場合は、動物病院、ペットホテル、友人の家などが挙げられます。フレンドリーなタイプでも、慣れない場所で知らない人と過ごす状況はストレスになります。事前に慣れるために短時間の練習をしておきましょう。

世話を依頼する場合は、愛犬が懐いているしつけの専門家、ペットシッター、友人にしましょう。シャイなタイプは、自分の生活環境に他者が入ることにストレスを感じます。日頃から懐いている人であっても、事前に短時間の練習をしておいた方が安心です。

施設や専門家の場合は、「鑑札」「狂犬病予防注射済票」「ワクチン接種証明書」などの提示を求められることがあります。必要な物を確認しておきましょう。

預ける時に必要なもの

施設に預ける場合も世話を依頼する場合も、以下の物があれば安心です。鑑札、狂犬病予防注射済票、迷子札、ワクチン接種証明書、愛用しているグッズ、持病がある場合は診断書と薬、かかりつけの動物病院の連絡先、ゴハン、首輪とリードを持参。預け先の規約も確認しておきましょう。

おわりに

　どこで飼うか、どんなゴハンをあげるか、家族構成や、住環境、しつけの方針など、それぞれの家庭によって犬を飼う条件は異なります。本書で紹介したコツや注意点を参考にしながら、各ご家庭で愛犬に合う方法を選んで実践していただければ幸いです。

　大切なのは自分の犬をよく観察し、その子にとって最善の方法をとってあげること。柴犬との暮らしに「これが絶対！」というマニュアルはありません。飼い主さんが納得する形で一生涯のお世話をしていくことが、なによりの愛情といえるのかもしれません。あなたの愛犬が、世界一の幸せな柴犬になりますように！